了不起的生物多样性

绘说中国珍稀生物

第一辑

刘光裕／主编
绘说传媒／编绘

南方日报出版社
NANFANG DAILY PRESS
中国·广州

图书在版编目（CIP）数据

了不起的生物多样性：绘说中国珍稀生物. 第一辑 /刘光裕主编；绘说传媒编绘. -- 广州：南方日报出版社, 2025.8（2025.11重印）
ISBN 978-7-5491-2788-7

Ⅰ. ①了… Ⅱ. ①刘… ②绘… Ⅲ. ①珍稀植物—中国—图解②珍稀动物—中国—图解 Ⅳ. ①Q94-64②Q95-64

中国国家版本馆CIP数据核字（2024）第039710号

LIAOBUQI DE SHENGWU DUOYANGXING: HUI SHUO ZHONGGUO ZHENXI SHENGWU (DI-YI JI)

了不起的生物多样性：绘说中国珍稀生物（第一辑）

主　　编：刘光裕
编　　绘：绘说传媒
出版发行：南方日报出版社
地　　址：广州市广州大道中289号
出 版 人：周山丹
出版统筹：阮清钰
图书策划：方　明
责任编辑：黄子旸
创意设计：佃燕婉
责任校对：阮昌汉　熊丽思
责任技编：王　兰
经　　销：全国新华书店
印　　刷：广州市岭美文化科技有限公司
成品尺寸：250mm×255mm
印　　张：15.5
字　　数：180千字
版　　次：2025年8月第1版
印　　次：2025年11月第2次印刷
定　　价：88.00元

投稿热线：（020）87360640　读者热线：（020）87363865
发现印装质量问题，影响阅读，请与承印厂联系调换。

编委会

序一

手绘讲述珍奇的中国动植物故事

中国地大物博，幅员辽阔，从热带雨林到寒温带针叶林，从滨海湿地到高原荒漠，多样的地理气候条件孕育了无数珍奇动植物。在这片神奇的土地上，栖息着四川的大熊猫、滇南的亚洲象、东北的东北虎、青藏高原的藏羚羊、新疆荒漠的普氏野马、长江中下游的扬子鳄、北海的布氏鲸、“绽放”的兰花螳螂、会动的“叶子”叶䗛；生长着古老的“活化石”银杏和水杉、几近灭绝的普陀鹅耳枥、高原湖泊的海菜花、“茶族皇后”金花茶……让更多的人特别是青少年了解这些物种，不仅能推动生物多样性保护工作，更能培养人们对祖国壮丽自然的热爱之情。

然而，由于对生物多样性及其保护的宣传普及工作不足，大多数人难以全面领略这些珍奇动植物的丰富多彩与神奇。据统计，有 13.5 万种动植物生活在中国这片伟大的土地上，但普通民众对其中绝大多数物种都知之甚少。更令人担忧的是，在人为采集、捕杀，生境破坏和气候变化等多重压力下，中国生物多样性正面临着严峻挑战，已有上千种动植物被列入国家级保护名录。

《了不起的生物多样性：绘说中国珍稀生物》一书精心遴选了来自全国各地的 50 种“明星”动植物，通过精美的手绘和生动的动画，系统介绍它们的起源演化、行为习性和趣味科学故事，向读者呈现中国独特而珍奇的动植物轮廓，并力求科学性与趣味性的结合。

“人们只会在意和保护那些他们所理解和欣赏的东西。”希望这本图文并茂的科普读物，能激发广大青少年和公众对我国珍奇生物的兴趣与热情，进而关注并保护这些物种，引导更多人参与到生物多样性保护事业中来，为构建人与自然和谐共生的美好未来贡献力量。

陈　进

（西双版纳热带植物园原主任，热带生物多样性保护专家，环境教育专家）

序二

以动漫促进生物多样性保护

年少时受《动物世界》以及英国自然纪录片的影响，我从小就对探索自然、传播自然故事有深厚的感情，心向往之。从云南大学生态学专业毕业后，我偶然得知西双版纳热带植物园正在招收环境教育专业的硕士，培养传播型保护人才，便欣然考入西双版纳热带植物园，在陈进老师门下学习工作。大学毕业至今，时间一晃而过，我从事自然教育已接近 20 年。

生物多样性保护是一个涉及人的认知与行为的复杂过程。正如珍·古道尔所言：“唯有理解，才能关心；唯有关心，才能帮助；唯有帮助，才能都被拯救。”通过多年的学习与实践，我认定了自己毕生努力的方向——通过科普或环境教育改变人们的意识，进而促进生态环境与生物多样性的保护。

自然科普教育的手段很多：小到一张生态摄影照片、一段科普讲稿、一篇自媒体推文或一块解说牌的设计，大到一个展览、一部纪录片乃至一座博物馆的建设。不同的科普内容、传播方式和受众群体各有特点，而有效的传播在于精准地把控这三者之间的关系。在 2004—2019 年间，我的教育手段大多集中在生态摄影、科普写作、视频拍摄、现场讲解和展览设计等传统传播方式上。

2019 年，机缘巧合中我结识了“绘说传媒”的 CEO 孙曼女士，由此开启了用动漫进行生物多样性科普的宣教工作。我们合作创作了上百期热带生物动漫作品，至今在抖音账号“绘说雨林”上发布了 400 多个作品，实属不易。一路走来，虽然没有爆火，但“绘说雨林”已经成为中国生物多样性宣教领域独具特色的动漫作品，对热带雨林保护知识的普及起到了积极的促进作用。回望过去，我从未想过在西双版纳这片土地上，通过动漫作品这种现代传播方式来促进生物多样性的宣教与保护。

COP15 生物多样性大会在昆明召开，进一步坚定了我们合作前行的信心。2024 年，孙曼女士邀请我主创一本科普读物，从中国视角讲讲中国的“明星”动植物，于是便有了这一本精致丰富的《了不

起的生物多样性：绘说中国珍稀生物》。在选材上，我们首先考虑了各省份特有的代表性物种，也兼顾了不同生物类群的平衡。一方面，我们希望通过本土性唤起读者的家乡自豪感，另外一方面期待激发公众对珍奇动植物的兴趣，同时展现中国在生物多样性保护方面取得的成就。

由于个人学识有限，书中涉及的许多物种知识仅来源于文献资料，疏漏之处在所难免。加之动漫创作是一个融合物种分类、行为生理、生态关系与动漫技术的跨学科过程，我们在创作过程中也出现了不少失误。我深切感受到，虽然中国在视频传媒、3D、VR、AR 以及人工智能技术方面取得了巨大的进步，但具备跨学科背景的复合型人才仍然紧缺。作为“以动漫促进生物多样性保护”的探索者，我们的作品尚有诸多不足，恳请各位读者批评指正，多多包涵！

刘光裕

（本书主编，西双版纳热带植物园高级工程师，热带雨林博物学家）

生物多样性基础知识

生物分类

★**分类依据：**形态结构、生理功能

★**基本单位：**种

★**分类单位从大到小：**界、门、纲、目、科、属、种

分类单位越大，包含生物类别越多，生物间的相似程度越低、亲缘关系越远；分类单位越小，则相反。

生物类群

★**脊椎动物的主要类群：**鱼类、两栖类、爬行类、鸟类、哺乳类

★**植物的主要类群：**藻类植物、苔藓植物、蕨类植物、裸子植物、被子植物

中国是裸子植物最丰富的国家，被称为“裸子植物的故乡”。

生物多样性面临的威胁

乱砍滥伐、滥捕滥杀、环境污染、外来物种的入侵等。

保护生物多样性

★**根本措施：**保护生物的栖息环境，保护生态系统多样性

★**最有效措施：**建立自然保护区

迁地保护

由于栖息繁殖条件遭到破坏，部分野生动植物的自然种群面临灭绝危机。因此，要将濒危动植物迁移到动物园、植物园或建立珍稀濒危动物养殖场，进行保护和繁殖，或划定区域实行天然放养。

就地保护

建立自然公园和自然保护区已成为世界各国保护自然生态和野生动植物免于灭绝、得以繁衍的主要手段。中国神农架、卧龙自然保护区对金丝猴、大熊猫等珍稀濒危物种的保护和繁殖就起到了重要的作用。

建立全球性的基因库

为了保护作物的栽培种及其濒临灭绝的野生亲缘种，建立全球性的基因库网。位于云南的中国西南野生生物种质资源库共收集保存各类野生生物种质资源 2 万余种、30 余万份，其中野生植物种子 1 万余种、约 10 万份，保藏量居亚洲第一。

目录 Contents

珍稀动物篇

珍稀植物篇

各位！我们的
探索之旅即将
开始啦！

珍稀动物篇

大熊猫：从濒临灭绝到“全球偶像”

神奇档案

学名：*Ailuropoda melanoleuca*

分类：熊科，大熊猫属

特征：主要食物为竹子，具有强大的咬合力

分布：中国四川、甘肃、陕西的部分山区

保护级别：易危（VU）IUCN 标准、CITES 附录 I 物种、国家一级重点保护野生动物

大熊猫虽名为“猫”，但其实是一种熊，是以竹子为主食的珍稀哺乳动物。大熊猫拥有黑白相间的独特毛色，形象憨态可掬，因其数量非常稀少且为中国特有，被誉为中国“国宝”。

虽然出生时很弱小，但大熊猫的成长速度很快，4—5 岁就成年了。成年后的大熊猫体重是出生时的 1000 多倍，可以长到 200—360 千克，体型和力量都非常惊人。

大熊猫的体形较大，但新生的大熊猫体重仅有 100 多克，是所有熊科中出生时体重最轻的。

大熊猫发达的犬齿咬合力堪比狮子，在所有食肉目动物中排第 5 名，美洲豹都得排在它后面。

大熊猫的祖先追溯

小古猫

（5000 万年前，体长仅有 30 厘米左右）

祖熊

（约 2000 万年前，食肉目分化出了熊科动物）

始熊猫

（约 800 万年前，由祖熊分化出来）

小种大熊猫

（约 200 万年前，由始熊猫的后代逐渐进化而成）

巴氏大熊猫（约 75 万年前，由小种大熊猫进化而成，其外形接近于现代大熊猫）

现代大熊猫

大熊猫虽然胖乎乎、圆滚滚的，身法却很灵活。大熊猫喜欢爬树，轻轻松松就能爬 10 多米高。

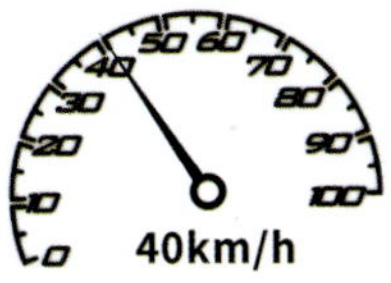

与其他地区的大熊猫相比，生活在海拔 2000 米左右地区的大熊猫更擅长奔跑，跑起来速度能达到 40 千米 / 小时。

经过漫长的进化，大熊猫逐渐从肉食性动物转变为以食竹子为主的杂食性动物。大熊猫的食性转变是一个有趣的故事。

在约 200 万年前的冰川期，环境变化，许多动物相继灭绝，大熊猫的肉食选择越来越少了，于是，大熊猫另辟蹊径，以一年四季常绿的竹子为主食。竹子分布广泛，容易获得，大熊猫再也不用挨饿了，吃竹子的食性就这么传了下去。

另外，竹子每年有两季生长期，当竹笋冒出来时，也是大熊猫生儿育女的时候，为了补充营养，大熊猫就先吃竹笋，没竹笋时就吃竹叶，如果竹叶也吃完了，就吃竹竿。

为了更好地吃竹子，大熊猫的一节腕骨特化为一根“伪拇指”，上面还有软软的肉垫，可以帮助它们更好地抓握竹子。

现在的大熊猫，每天要花很长时间吃大量的竹笋或竹叶，因为它们还保留着古老的食肉目消化系统，这套系统不容易吸收素食营养。

尽管大熊猫以竹子为主食，但它们仍然保留了一定的肉食性，偶尔也会捕食小型动物。

在野外，大熊猫是独居动物，拥有领地意识，但在人工饲养环境下，它们展现出了更多的社交行为。

大熊猫一族不断壮大，在更新世中晚期达到顶峰。大熊猫的足迹曾经遍布中国 16 个省，甚至还到过今天的越南、缅甸等地。但随着气候变化、人类活动频繁，大熊猫的生活区域被逐渐压缩至如今的四川、甘肃、陕西的部分山区。

食铁兽

冷知识

传说黄帝大战蚩尤时，蚩尤的坐骑就是大熊猫，但那或许是更有野性的始熊猫或者巴氏大熊猫了。

☆守护生物多样性宝藏☆

大熊猫的繁殖能力相对较低，加之栖息地丧失，使它们一度面临濒危的境地。现如今，中国通过建立自然保护区、实施人工繁育计划和增强公众保护意识，使大熊猫的生存状况有了显著改善。截至 2024 年底，大熊猫野外种群数量从 20 世纪 80 年代的约 1100 只增长到约 1900 只，世界自然保护联盟（IUCN）将大熊猫的保护等级从“濒危”降为“易危”，全球大熊猫圈养种群数量达 757 只，种群结构持续向好。

扫一扫，看彩绘视频

滇金丝猴：雪山上的“红唇精灵”

神奇档案

学名：*Rhinopithecus bieti*
分类：猴科，仰鼻猴属
特征：血色红嘴唇、对色彩敏感
分布：中国川滇藏三省区交界处
保护级别：濒危（EN）IUCN 标准、CITES 附录 I 物种、国家一级重点保护野生动物

滇金丝猴是世界上栖息海拔最高的灵长类动物，它们主要生活在海拔 2500—5000 米的高山暗针叶林中。它们主要分布在中国川滇藏三省区交界处的云岭山脉中，活跃于喜马拉雅山南缘横断山系的澜沧江和金沙江之间的狭小地域。

全世界共有5种金丝猴：滇金丝猴、川金丝猴、黔金丝猴、越南金丝猴和怒江金丝猴。

虽然都叫“金丝猴”，但滇金丝猴并没有金黄色的毛，它们的毛色以灰黑色、白色为主，所以也被称为黑白仰鼻猴、雪猴、大青猴、白猴、花猴、飞猴。

我的“口红色号”很美！

滇金丝猴是世界上除了人类以外唯一拥有血色红嘴唇的动物。

冷知识

滇金丝猴对色彩比较敏感，有着极强的分辨颜色的能力。

滇金丝猴和大熊猫一样，是中国特有的珍稀濒危动物，它们同属国宝和一级保护动物，“着装”也都是冰河时代的流行色——黑白配。

滇金丝猴无论雌雄，都肚大腰圆，厚实的脂肪层能帮助它们抵御高海拔地区的寒冷气候。

滇金丝猴以松萝、地衣、嫩芽、竹笋等植物为食。这些植物的营养价值较低，为了获取足够的营养和能量，滇金丝猴就不停地吃，肚子越吃越大。

除了植物，滇金丝猴也会捕食虫子、小鸟和松鼠等小动物。

和其他的猴群相似，滇金丝猴的社会结构以家庭为单位，实行“一夫一妻多妾”的制度。每个家庭中都有一只成年雄猴作为领导者，也称“主雄”，负责保护猴群免受天敌和外来种群的威胁。

母猴在分娩小猴后会吃掉胎盘，为自己补充营养的同时也抹除了痕迹，以躲避天敌追踪。

幼年雄性滇金丝猴更为活泼好动，它们会在玩耍中交流感情、学习技巧，培养成为领导者的能力。

☆守护生物多样性宝藏☆

滇金丝猴分布区域狭小，其中云南“三江并流”世界自然遗产地是它们的重要栖息地。为了保护这一物种，1983 年，云南建立了第一个滇金丝猴自然保护区。多年来，政府不断增加投入和制定政策来保护滇金丝猴，使其种群数量从 1994 年的 20 个种群 1500 只增加到现在的 23 个种群 3800 多只。

扫一扫，看彩绘视频

海南长臂猿：人类最孤独的“近亲”

神奇档案

学名：*Nomascus hainanus*

分类：长臂猿科，冠长臂猿属

特征：体型较小，四肢细长，以水果和树叶为主食

分布：主要分布在中国海南岛的热带雨林中

保护级别：极危（CR）IUCN 标准、CITES 附录 I 物种、国家一级重点保护野生动物

“柏家渡西日欲落，青山上下猿鸟乐。”这是北宋大文豪苏东坡被流放海南时描绘的场景，其看到的“猿”，可能就是海南长臂猿。

海南长臂猿一生要换几次毛色。刚出生的小猿是黄色的，长到 6 个月左右，毛色开始变成黑色。6—7 岁性成熟时，海南长臂猿的毛色渐分雌雄，雄猿的黑色毛不再变化，雌猿则从黑色逐步变成黄色，直到老年才变回灰黑色。雄猿头顶有短而直立的冠状簇毛，雌猿头顶有菱形或多角形的黑色冠斑。

头戴一顶“小黑帽”是海南长臂猿的独特造型。

雌猿

海南长臂猿是长臂猿科哺乳动物，是中国海南特有的珍稀物种，一度仅存个位数，是世界上濒危程度最高的动物之一，它们也被称为“人类最孤独的近亲”。

海南长臂猿还是“杂技高手”，可以轻松从一棵树上腾跃到另一棵树上，最远飞跃距离可达 15 米，转体、倒挂、大回环……这些高难度动作都是它们的“拿手好戏”。

海南长臂猿是天生的歌唱家，每天早晨六七点，它们会准时开始高声鸣叫。雄猿个体首先领唱，发出口哨般的长鸣，随后雌猿和小猿也会加入，发出短促而杂乱的咯咯声，宣示其领地。

海南长臂猿还是典型的“吃货”，掌握着雨林一年四季的美食地图。它们以雨林植物的果实、花苞和嫩叶为主食，有时也会食用昆虫和鸟蛋，补充高能量蛋白质。它们偏好叶片上的露水或树洞里的积水，很少直接饮用地面水。

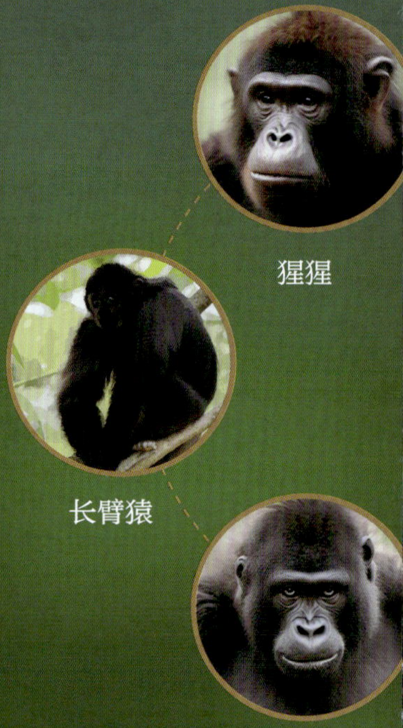

海南长臂猿曾广泛分布于海南岛各处的森林中，但到了 20 世纪 80 年代，海南长臂猿一度濒危。海南长臂猿种群数量减少的主要原因是栖息地的破坏和人为捕杀。另外，由于海南长臂猿本身繁殖能力低，对栖息地的要求极高，其种群恢复极为艰难。

目前，海南长臂猿主要分布在海南热带雨林国家公园霸王岭分局的核心区森林之中。

海南长臂猿是世界四大类人猿之一，也是研究人类起源和进化过程的重要对象，珍稀程度不亚于“国宝”大熊猫。

四大类人猿

黑猩猩

冷知识

性成熟的雄猿通常会被驱逐出猿群，开始独立生活。如果无法在其他猿群中成为领袖，它们可能会孤独一生。

☆守护生物多样性宝藏☆

海南长臂猿已被列入《世界自然保护联盟濒危物种红色名录》和《濒危野生动植物种国际贸易公约》(CITES)附录Ⅰ，中国将其列入《国家重点保护野生动物名录》和《海南热带雨林国家公园优先保护物种名录》。海南热带雨林国家公园建设以来，海南长臂猿得到了前所未有的严格保护，生态搬迁、小水电站清退、人工林处置……近年来，海南长臂猿种群数量稳步增长，如今已达到7群42只。

扫一扫，看彩绘视频

中华穿山甲：满身“盔甲”的温柔益兽

神奇档案

学名：*Manis pentadactyla*

分类：穿山甲科，穿山甲属

特征：全身覆盖着鳞片，擅长挖掘，以蚂蚁和白蚁为食

分布：在中国分布于南方多个省份

保护级别：极危（CR）IUCN 标准、CITES 附录 I 物种、国家一级重点保护野生动物

中华穿山甲是穿山甲科哺乳动物，是中国特有的物种。中华穿山甲体型狭长，尾巴扁平，占三分之二体长，背面略隆起，全身覆盖着鳞甲。

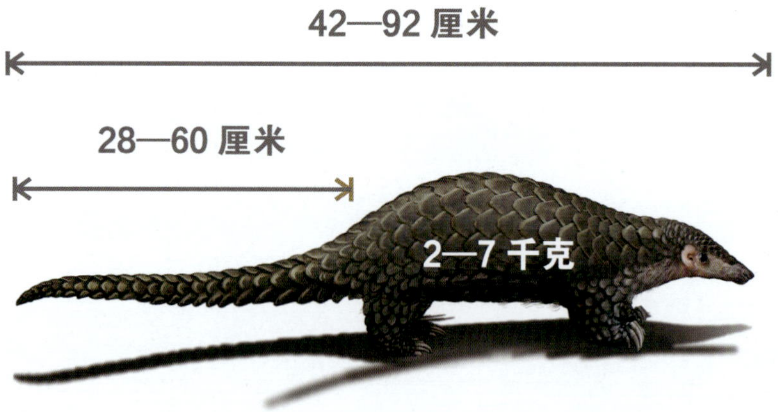

中华穿山甲头部呈圆锥状，眼睛小而圆，视力基本退化，听力不发达，但是穿山甲的嗅觉非常灵敏。

中华穿山甲的鳞片呈棕褐色，腹部的鳞片较软，呈灰白色。

冷知识 穿山甲是世界上唯一一种全身覆盖鳞片的哺乳动物，这些鳞片占据了它体重的20%左右，主要由角蛋白构成，和人类的指甲成分相似。

四肢粗短，前足具5趾，后足爪较短。

穿山甲可以蜷起前肢，翘起尾巴保持平衡，只用两条后腿走路，看起来憨态可掬。

穿山甲没有牙齿，但拥有一条细长的舌头，长度与体长相当，有的甚至比身体还要长一半，最长为40厘米左右。

穿山甲咽喉部位有着一块袋状肌肉，被称为“舌袋”。在穿山甲准备吐出舌头时，舌袋会突然收缩，提供一股强大的力量将舌头弹射出去。穿山甲吐舌头的速度很快，用不了一秒钟就可以完成一个来回。

这么长的舌头平时放哪里呢？其实，穿山甲大部分的舌头会沿着腹壁向后延伸，最终卷绕在右肾上，只有一部分舌头在颈部折叠。

中华穿山甲在 4 月至 5 月交配，12 月至翌年 1 月产仔，每胎只产一只小穿山甲。出生后的小穿山甲伏在母亲背部或尾巴上，随其外出活动。如果母亲感到受威胁，它就会将幼仔藏在身下。

中华穿山甲共有 8 个亚种，分布于不丹、中国、印度、老挝、缅甸、尼泊尔、泰国和越南。中华穿山甲在中国的分布区域包括广东、云南等 18 个省份。中华穿山甲栖息于丘陵、森林、平原、竹林，甚至是农田里。

中华穿山甲主要在夜间出洞觅食，以蚂蚁和白蚁为食，尤其偏爱白蚁。一只穿山甲每年大约能吃掉 700 万只白蚁和蚂蚁，相当于“拯救”了 350 亩的森林，既控制了白蚁的数量，又为森林养分循环提供了有益的保障。

穿山甲在地球上已经存在了 40 万年之久，然而，由于栖息地破坏、过度猎捕和非法贸易等，中华穿山甲的数量大幅减少。

穿山甲的鳞片本是用来保护自身不受外力伤害的，它们在遇到老虎、狮子时可以蜷缩成一团来抵御攻击，然而逃过了狮口虎爪，却没能逃过人类之口。

曾经，穿山甲的鳞片被谣传成千金难取的灵丹妙药，肉还能满足口腹之欲，于是大量的穿山甲被盗猎者残忍捕杀。

2020 年，穿山甲已被《中国药典》除名。临床医学证明，猪蹄甲在消痈、抗炎、催乳等方面也具有和穿山甲相同的作用，吃穿山甲和啃两个猪蹄的效果是一样的。

☆守护生物多样性宝藏☆

现如今，每年 2 月的第二个星期六被定为世界穿山甲日，以提高公众对穿山甲保护的意识。穿山甲已被列入《世界自然保护联盟濒危物种红色名录》和《濒危野生动植物种国际贸易公约》附录Ⅰ，被中国《国家重点保护野生动物名录》列为一级保护动物。

它们依靠灵敏的嗅觉寻找白蚁的踪迹，找到蚁窝后会用前爪挖出一个浅洞，然后探进前半身，顺着蚁穴伸出长舌头。白蚁只要碰到沾满黏液的舌头就无法挣脱，穿山甲便趁机把舌头往回缩，获得一口美味。

扫一扫，看彩绘视频

亚洲象：温柔的“巨无霸”

神奇档案

学名：*Elephas maximus*

分类：象科，亚洲象属

特征：怀孕期长达两年，皮肤无汗腺但能散热

分布：在中国仅分布于云南南部的西双版纳、普洱、临沧 3 个地区

保护级别：濒危 (EN) IUCN 标准、CITES 附录 I 物种、国家一级重点保护野生动物

亚洲象，长鼻目象科亚洲象属，是亚洲大陆最大的陆生哺乳动物。

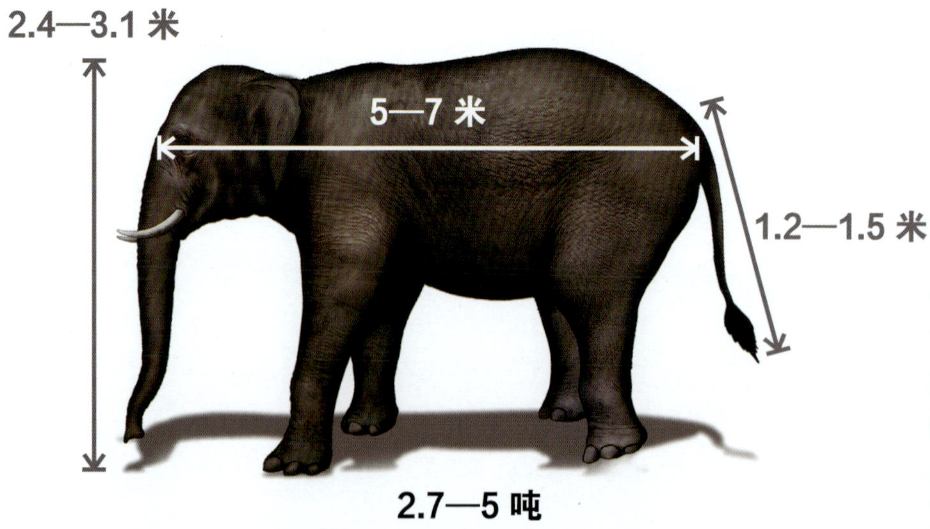

世界上现存三种大象，除亚洲象外，还有生活在非洲的非洲象和非洲森林象。

非洲象前额较平，而亚洲象前额左右有两块明显的隆起，称为“智慧瘤”。

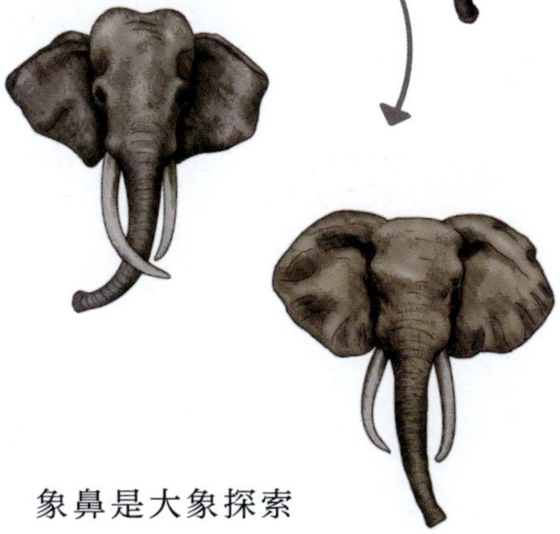

与非洲象相比，亚洲象的体形小一些，耳朵也小了一大圈。

在炎热的非洲草原上，大大的耳朵能够帮助非洲象更好地散热，还能够赶走周围的蚊虫。

象鼻是大象探索环境、与同伴交流信息的工具。

亚洲象头盖骨很厚，它们的额骨内有一条直通肺部的气管，这一独特的生理结构使它们能够在水下停留更长时间。

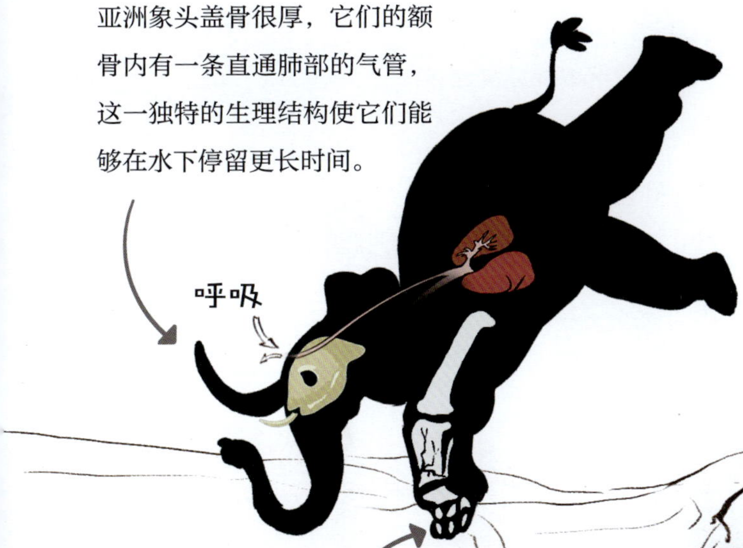

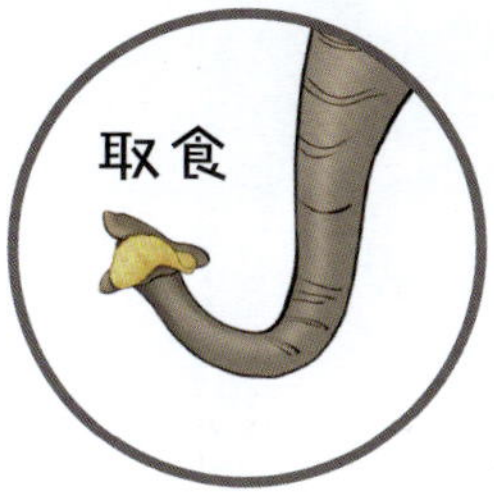

亚洲象的鼻子是自然界中令人惊叹的器官之一，它由约 4 万块肌肉组成，却没有骨头或软骨，表面光滑，可直垂到地面。

成年亚洲象因身躯庞大、骨骼结构特殊，无法像其他小型动物那样跳跃，强行跳跃可能发生危险。

大象的皮肤没有汗腺，但皮肤的褶皱能够储存水分，减缓水分蒸发，帮助它们在炎热的环境中保持凉爽。泥水可以降温，泥巴还能像防晒霜一样保护它们的皮肤，同时防止蚊虫叮咬，这也是大象喜欢在水池和泥潭里玩耍的原因之一。

大象的平均寿命为 60—70 岁，母象怀孕时间长达 18—22 个月。大象一胎通常生一个宝宝，幸运的话能生出双胞胎宝宝。

刚出生的亚洲象小象毛发浓密，但随着成长，小象的毛发会逐渐稀疏。

大象非常重感情，它们会照顾象群中生病的成员，还会给它们找吃的，用象鼻给它们喂水等。

据称大象还是地球上少数会举行葬礼的动物，它们会将同伴的尸体埋在树叶之下，并围绕在墓地周围哀悼。

冷知识 一个睡着的人在大象的眼里跟死了没有区别（成年大象大多不会躺着睡觉），所以大象帮躺着的人盖被子的暖心举动或许是哀悼人的一种表现。

亚洲象主食竹笋、嫩叶、野芭蕉和棕叶等，它们也很喜欢人类的农业作物，比如香蕉、玉米、甘蔗等，隔三岔五就弄点尝尝。亚洲象每天要用 16 个小时来采集食物，但它们的消化系统效率不高，一只成年象一天可以吃进 30—60 千克食物，但只有 40% 的食物能被吸收，60% 都会被排泄出去。因此，小象偶尔也会吃大象的粪便来摄取营养。

成年雄性亚洲象具有一对向前伸出的长牙，即我们所说的象牙，其实这是特化延长的上门齿，末端稍向上翘，最长可达 200 厘米。成年雌性亚洲象和幼年亚洲象个体也长有较短的象牙，但通常不突出嘴外或仅露出数厘米，一般不能直接观察到。而非洲象不管公象还是母象都有长长的象牙。

大象作为最庞大的陆生动物，几乎没有天敌，如今为何濒临灭绝呢？主要的原因就是非法象牙贸易。象牙对大象来说是取食和御敌的主要工具，而对于盗猎者而言，象牙是比肩黄金的硬通货，所以他们不择手段地猎杀大象，只为取下完整的象牙。没有买卖就没有伤害，请不要购买象牙和象牙制品。

亚洲象栖息于亚洲南部热带雨林、季雨林及林间的沟谷、山坡、稀树灌草丛、竹林及宽阔地带。喜群居，每群数头、数十头不等，在林中游走后常形成明显的象路。

☆守护生物多样性宝藏☆

历史上，亚洲象的分布区域广泛，后栖息地逐渐缩小，如今在中国主要分布于云南西南部的西双版纳等地区。一些亚洲象被农民种植的食物所吸引，成群来到田地里吃农作物，人们无可奈何地驱赶大象，大象攻击人类，就产生了人象冲突。

为了保护亚洲象和热带雨林，云南于 1986 年建立了西双版纳国家级自然保护区，重点保护亚洲象的栖息地。亚洲象被列入《世界自然保护联盟濒危物种红色名录》和《濒危野生动植物种国际贸易公约》附录Ⅰ，被中国《国家重点保护野生动物名录》列为一级保护动物。经过一系列的保护措施，中国亚洲象野外种群从 20 世纪 80 年代的 150 多头增长至如今的 300 多头。

扫一扫，看彩绘视频

印支虎：东南亚森林的王者

神奇档案

学名：*Panthera tigris corbetti*

分类：猫科，豹属

特征：体型较小，有着强烈的领土意识

分布：在中国分布于西南地区和墨脱县

保护级别：濒危 (EN) IUCN 标准、CITES 附录 I 物种、国家一级重点保护野生动物

印度支那虎是食肉目猫科豹属哺乳动物，简称“印支虎”，又称“东南亚虎”“西双版纳虎”“云南虎”，是世界上现存的六种老虎之一。印支虎和其他虎相比体型较小，但又比现代马来虎亚种略大，在目前的老虎物种中体型排行第三。

现代印支虎

现代马来虎

六种现代虎（同龄、同性）体型排行

印支虎的毛色为橙黄色，具有黑色条纹，但相比其他老虎，它的颜色偏橘红色，条纹也更窄。此外，印支虎的腹部、咽喉和脸颊处有大块的白斑，耳朵短而圆，头部宽阔，额头上有老虎典型的“王”字形黑色斑纹，眼睛上方有眉毛状白色斑纹。

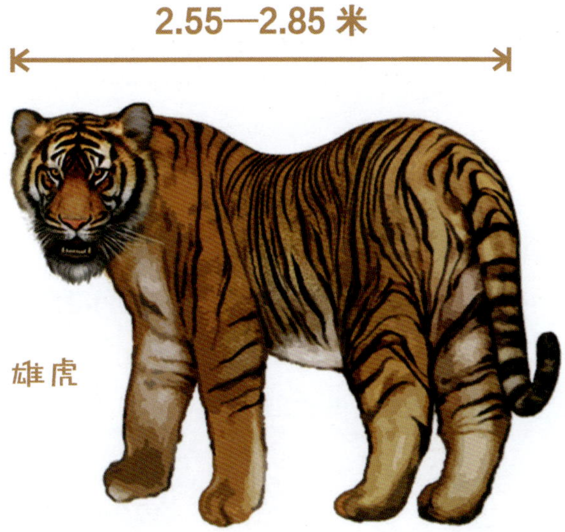

雄虎体重约 180—220 千克；雌虎体型更小，约 100—130 千克。

冷知识

老虎是独居动物，只有在繁殖期才会出现社会性的交际，不像狮子那样的群居动物成群结队，尤其是雄虎，绝对不允许自己的地盘上出现同性。

印支虎主要生活在热带和亚热带的森林中，擅长利用草丛或灌丛伪装，进行狩猎。

印支虎的食物主要是大型哺乳动物，它们通常单独狩猎，偏爱捕食水鹿、野牛和野猪。它们偶尔也会捕食豹子和熊，或转向中小型动物，如豪猪和猴子，当食物短缺时，甚至会捕食鱼类和乌龟。

印支虎曾经广泛分布于东南亚，但最新调查发现，全世界的野生印支虎数量已经锐减至 220 只。自 2009 年在云南西双版纳发生一起印支虎被射杀事件后，中国境内几乎再无印支虎的记录。

曾经，广西、云南是中国印支虎的主要分布地，而与这两地相近的江西、湖南、贵州则是华南虎的主要分布地。如今，屈指可数的华南虎在动物园永久地安了家，而印支虎也远走他乡，这对老邻居估计很难再碰面了。

俗话说“一山不容二虎”，印支虎和大部分的老虎一样都有着极为强烈的领土意识。

☆守护生物多样性宝藏☆

为了保护印支虎这一濒危物种，印支虎被列入中国《国家重点保护野生动物名录》和《世界自然保护联盟濒危物种红色名录》，但如今已难觅其踪迹。

普氏野马：战斗力超群的“马中大熊猫”

神奇档案

学名：*Equus ferus*
分类：马科，马属
特征：体形似家马，感觉灵敏，奔跑能力强
分布：中国新疆、甘肃、内蒙古等地
保护级别：濒危（EN）IUCN 标准、国家一级重点保护野生动物

普氏野马是马科哺乳动物，1879 年，探险家普热瓦尔斯基首次在野外发现该物种，所以将其定名为“普氏野马”。又因其原产于中国新疆的准噶尔盆地和蒙古国的干旱荒漠草原地带，也被称为“准噶尔野马”“蒙古野马”或“亚洲野马”。

普氏野马

普氏野马体形似家马，头大颈粗，耳短小而圆，鬃毛短而直立，背部中央有一条黑色脊线。

背部浅棕色或枣红色，体侧色淡，腹部黄白色。

普氏野马四肢下部前面呈黑色，俗称“踏青”腿，蹄形比家马小，高而圆。

普氏野马感觉灵敏，警惕性高，奔跑能力强，一般以强壮的雄马为首领结成有 5—20 匹的马群，营游移生活，昼夜活动，但以夜晚为多。

普氏野马饮水量很大，多在晨昏沿固定的路线到溪边饮水。群体中的个体在吃饱喝足之后常互相清理皮毛。

但普氏野马群体也不是一直这么和谐，为了争夺领群的地位，两匹最强壮的雄马会进行战斗，首先昂首静立，怒目圆睁，响鼻嘶叫；接着前蹄刨地，发出吼叫，然后举起前蹄，扭打在一起。其争斗的残酷性和凶悍程度比家马要强得多。

冷知识

据媒体报道，2013 年有一匹普氏野马为了拯救落单的幼崽，勇敢地闯入狼群，展开了一场惊心动魄的搏斗，充分展现了普氏野马强大的战斗力和勇敢无畏的精神。

中国的普氏野马分布于新疆、甘肃、内蒙古等地，栖居于草原、丘陵、沙漠。它们以荒漠上的芨芨草、梭梭、芦苇、红柳等为食，冬天能刨开积雪觅食枯草。

红柳

芦苇

梭梭

芨芨草

普氏野马是现存唯一的野马品种，目前全世界仅存1300多匹，数量比大熊猫还少，堪称马中“大熊猫”。

☆守护生物多样性宝藏☆

因非法猎杀、栖息地生态环境的恶化等，普氏野马曾于20世纪中叶在中国野外消失。20世纪80年代后，中国陆续从欧洲引进繁殖，然后再放生野外，“野马返乡计划”重建了种群。普氏野马还被列入《世界自然保护联盟濒危物种红色名录》和中国《国家重点保护野生动物名录》，现今中国普氏野马数量在650匹左右。

扫一扫，看彩绘视频

藏羚羊：高原上起舞的精灵

神奇档案

学名：*Pantholops hodgsonii*

分类：牛科，藏羚属

特征：头形宽长，鼻腔两侧鼓胀，善奔跑

分布：在中国分布于以羌塘为中心的青藏高原地区

保护级别：近危（NT）IUCN 标准、国家一级重点保护野生动物

藏羚羊是牛科珍稀哺乳动物，为中国特有的物种。它们生活在世界上海拔最高的地区之一，被誉为“**高原精灵**”。

雌性藏羚羊体型略小，体色为纯黄褐色，没有角。

雄性藏羚羊的长角不仅是它们的特征，也是抵御天敌武器。面对捕食者，藏羚羊群会聚在一起，低头以角进行防御，让天敌无从下手。

藏羚羊体型紧凑，头部宽阔，吻部粗壮。它们拥有宽阔隆起的鼻子和鼓胀的鼻腔，这有助于在高海拔地区获取更多的氧气。

雄性藏羚羊拥有一对长角，角长 55—62 厘米，面部和四肢前缘为黑色。

藏羚羊栖息在海拔3250—5500米的高山草原，主要分布于中国以羌塘为中心的青藏高原地区。

藏羚羊的活动模式复杂，有的会长期居住在一地，有的则会进行长距离迁徙。

藏羚羊性情胆怯，常隐藏在岩穴中或在平坦地方挖掘浅坑以躲避风沙和敌害。

藏羚羊在早晚觅食，以禾草为主食，冬季则啃食干草茎和枯叶。它们有很强的忍耐干旱能力，时常通过植物和雪来获得水分。

年轻雄性藏羚羊会离开母亲所在的群落，与其他雄性组成混合群落。

☆守护生物多样性宝藏☆

藏羚羊的绒毛细腻柔软，曾因此遭到毁灭性的猎杀。1981 年，中国加入《濒危野生动植物种国际贸易公约》，禁止了一切有关藏羚羊及其产品的贸易活动；1988 年《中华人民共和国野生动物保护法》颁布，将藏羚羊确定为国家一级保护动物。一系列保护措施实施后，藏羚羊的种群数量有所恢复，2016 年，世界自然保护联盟将藏羚羊的保护等级从“濒危”降为“近危”。

雌性和雄性藏羚羊的活动模式不同，成年雌性藏羚羊每年冬季会带着它们的后代从交配地点开始迁徙，直到来年夏季才停下来生产，迁徙行程可达 300 千米。

藏羚羊善于奔跑，速度最快可达 80 千米 / 小时。它们敏捷地穿梭于峻峭的山川之间，轻巧而自由，仿佛是大地上一群自由的精灵在翩翩起舞。

冷知识 雄性藏羚羊的两只角长得十分匀称，由侧面远远望去，好像只有一只角，所以它们又被称为“独角兽”或“一角兽”。

产羔地

扫一扫，看彩绘视频

云豹：隐于林间的“小剑齿虎”

神奇档案

学名：*Neofelis nebulosa*

分类：猫科，云豹属

特征：主树栖性，有着独特的云朵状花斑

分布：在中国分部于亚热带和热带林区

保护级别：易危（VU）IUCN 标准、CITES 附录 I 物种、国家一级重点保护野生动物

云豹属是猫科云豹属的哺乳动物，是猫科中独特的类群，与豹属并列。云豹因背部和体侧拥有类似云朵状的花斑而得名，辨识度极高。也有人认为这些花斑像其他图案，又将云豹称为“荷叶豹”“艾叶豹”“龟纹豹”。

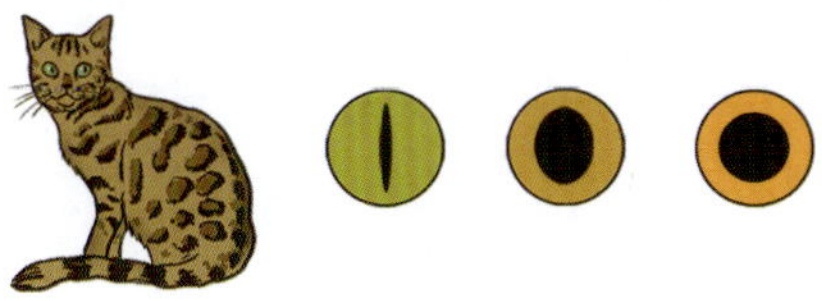

大型猫科动物瞳孔呈圆形，小型猫科动物瞳孔呈条形，而云豹的瞳孔介于两者之间，呈椭圆形。

云豹体型小巧，体重一般不超过 25 千克。与豹属下的狮、虎、豹相比，云豹的知名度并不高，战斗力更是相去甚远。

云豹头部圆润、耳朵短、躯干修长，尾巴粗长，几乎与身体等长。

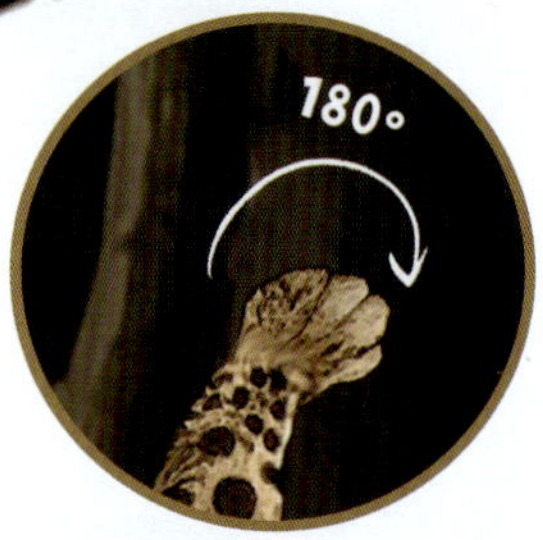

云豹的四肢粗壮，爪子锋利，爬树能力出众。它们的脚踝能向后旋转 180 度，可以在树上灵活转向，像松鼠一样头朝下快速移动。

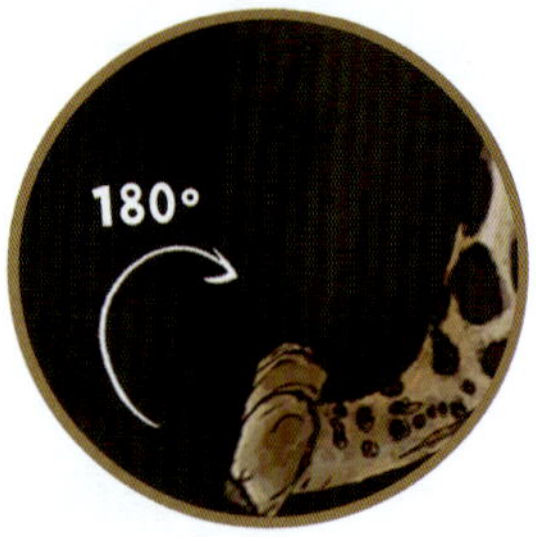

由于云豹的领地与大部分豹属动物重合，打不过惹不起的云豹只能选择上树发展。长而粗的尾巴派上了用场，帮助它们在树林间穿梭、跳跃时保持平衡，云朵状花斑也有助于它们隐匿于丛林。

云豹在对待同类时表现出极强的领地意识，雌性云豹在生育幼崽时非常隐蔽。

云豹分布于亚洲东部和南部的热带、亚热带丛林中，野生云豹除了少数夫妻成双结对外，几乎都是单独行动，繁殖能力不强，加之栖息地被破坏和人类活动的影响，许多国家和地区的云豹已经灭绝。

云豹通常在树上埋伏，等待小野猪等小型动物经过，再一跃而下咬住猎物，或者把后腿挂在树枝上，用前爪捕捉猎物。

冷知识

云豹的叫声是典型的猫科动物声音，包括像猫咪一样的尖细叫声和嘶鸣声等，它们进行友好交流时也会发出低强度的哼声。但云豹不能像老虎、狮子那样发出咆哮声，因为它们的舌骨已经完全骨化。

高度树栖、昼伏夜出的云豹还有**“小剑齿虎”**的称号，因为它们的犬齿非常发达，上犬齿约有 4—4.5 厘米，这使云豹能够轻易刺穿猎物的动脉。云豹的颈部肌肉发达，咬合力可达 480 磅，远远强于猎豹。

☆守护生物多样性宝藏☆

如今，云豹已被列入《世界自然保护联盟濒危物种红色名录》和《濒危野生动植物种国际贸易公约》附录Ⅰ；被中国《国家重点保护野生动物名录》列为一级保护动物。经过保护，云豹的种群状况得到了一定程度的改善。

扫一扫，看彩绘视频

鼷鹿：世界上最“迷你”的鹿

神奇档案

学名：*Tragulus Kanchil*
分类：鼷（xī）鹿科，鼷鹿属
特征：怕水，体型与家兔相似
分布：中国云南省西双版纳勐腊县
保护级别：无危（LC）IUCN 标准、国家一级重点保护野生动物

鼷鹿，是偶蹄目鼷鹿科鼷鹿属小型哺乳动物，又称“云南小鼷鹿”“鼠鹿”“小跳鹿”，是世界上最小的鹿。在中国，这种珍稀的小生灵仅生活在西双版纳勐腊的热带森林中。

鼷鹿的体型与家兔相仿，身长 40 多厘米，体重通常不超过 2 千克，非常“迷你”。鼷鹿的外表十分可爱，大大的眼睛，耳朵长而直，让它们能够敏锐地察觉到周围环境中的微小变化。

鼷鹿通常在晨昏时出来活动或觅食，主要以榕树果、火烧花、刺桐花、云南石梓等植物的花果及其他落地野果为食，也吃青草、大豆和木薯的嫩叶。

雄鹿和雌鹿的头上都没有角，眼睛很大，吻尖而窄，看起来更像啮齿类动物。雄鹿的犬齿较为发达，露在嘴巴外面形成獠牙，是它们战斗时的主要武器。

鼷鹿的皮毛通常是红褐色的，上面点缀着白色的斑点，这种色彩搭配使它们在森林中具有很好的伪装效果。

由于体型小，鼷鹿几乎成了所有捕食者的目标，包括猛禽、猫科动物以及其他肉食动物。也因此，鼷鹿发展出了一些独特的生存策略。它们通常在夜间活动，白天则隐藏在密林中，以减少被捕食者发现的机会。

鼷鹿还是出色的跳跃者，它们能够利用自己灵活的身体，在森林中快速跳跃，逃避捕食者的追捕。鼷鹿性情孤僻，比较“宅”，所以一般不会远离栖息地，大多单独活动，偶尔也成对生活。

冷知识 鼷鹿非常怕水，它们一旦被迫下水，出水后往往需要很长时间才能恢复活力。

鼷鹿小巧玲珑，外形如同微缩版马鹿，有极高的观赏价值。它是介于骆驼科与鹿科之间的一种独特物种，是地球上最小的偶蹄动物，还是现有的反刍类有蹄动物中最古老、最原始的种类之一，因此也有重要的科研价值。

鼷鹿有多个亚种，是典型的林栖动物，生活在低海拔地区的热带山地和丘陵。

鼷鹿的繁殖能力相对较弱，通常每次只产一胎，种群增长速度较慢，加上人类活动对其生存环境的影响和非法狩猎等因素，鼷鹿种群数量还在不断减少，目前在中国种群数量不足 1000 只。

☆守护生物多样性宝藏☆

鼷鹿被列入《世界自然保护联盟濒危物种红色名录》，中国也将这种珍稀的小精灵列入《国家重点保护野生动物名录》和《中国濒危动物红皮书》进行保护。

名称：柯氏柄杯鹿
时代：距今约 1800 万年

扫一扫，看彩绘视频

雪兔：兔子中的“变色龙”

神奇档案

学名：*Lepus timidus*

分类：兔科，兔属

特征：耳朵短，体毛长，尾巴短而宽

分布：在中国边缘性分布于黑龙江北部、新疆阿勒泰地区

保护级别：无危（LC）IUCN 标准、国家二级重点保护野生动物

雪兔是寒带代表动物之一，在中国主要分布于黑龙江、新疆的针叶林区、河谷和白杨林中，取食草根树皮。

雪兔体形比家兔大，耳朵比家兔短，耳朵上的毛和体毛比家兔长。因为在寒冷地带，雪兔无需大耳朵散热，但需要厚厚的体毛保暖。它们还会将耳朵紧紧地贴在背上，减少热量散失。

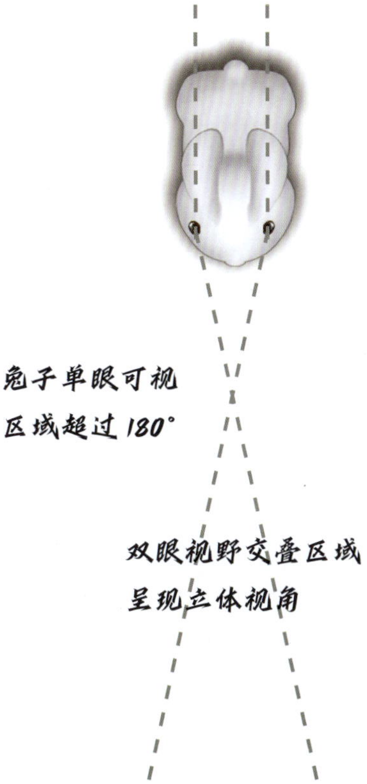

雪兔的大眼睛位于头部两侧，两只眼睛看到的景象几乎是独立的，为其提供了更大范围的视野。

冷知识 雪兔尾巴短而宽，是中国 10 种野兔中尾巴最短的。

雪兔是中国唯一一种冬毛变白的野兔，换毛受季节和光照的影响。隆冬来临，随着日照时间减少，雪兔会变得越来越白，除耳尖和眼睛外，全身一片雪白，与银装素裹的大地融为一体。反之，开春之后，随着日照时间增加，雪兔毛色由白色慢慢变成灰色。到了金秋时节，草木开始变黄，雪兔也会变成黄褐色，披上巧妙的伪装，可谓是“秋毫与枯草一色，雪兔与落叶难分”。

雪兔擅长跳跃前行，一跃可达 3 米，雪兔还能在一秒内由静止状态加速到 10 千米 / 小时，速度最快可达 50 千米 / 小时。

雪兔前腿短，后腿长，腿肌发达有力。

雪兔性情狡猾而机警，行动无一定规律，它一般拥有三四套“房”——躲避天敌的洞穴。

雪兔不会一直待在同一个洞窟里，隔三岔五就会去另外一个洞里住，保证每一个洞都有它的气味，以迷惑敌人，十分契合成语“狡兔三窟”。

☆守护生物多样性宝藏☆

雪兔冬毛纯白柔软，对其的偷猎走私曾非常严重，导致其种群数量大规模减少。2015年，雪兔被列入《中国生物多样性红色名录——脊椎动物卷》；2021年，雪兔被中国《国家重点保护野生动物名录》列为二级保护动物。如今，雪兔的种群数量有所回升。

扫一扫，看彩绘视频

藏狐：面庞方正的高原猎手

神奇档案

学名：*Vulpes ferrilata*

分类：犬科，狐属

特征：面部方正，适应高原环境

分布：青藏高原特有物种，分布区主要位于中国

保护级别：无危（LC）IUCN 标准、国家二级重点保护野生动物

藏狐是食肉目犬科狐属的一种食肉动物，也被称作“藏沙狐”或“西沙狐”。藏狐体型略小于赤狐，体重通常只有 4 千克左右。

藏狐拥有紧实的身材和粗短的四肢，全身覆盖着厚而密实的毛皮，背部的毛色从黄褐色至灰褐色不等，腹部为白色。藏狐从侧面看和普通狐狸没什么差别。但等它转过脸来，瞬间就打破了人们对狐狸狡黠、灵动的刻板印象。

藏狐小小的身体顶着大大的脑袋，一张标准的国字脸，一双眯眯眼，给人一种超然物外、淡漠世事的感觉，活脱脱一个行走的“表情包”。

这种独特的外貌可能与它们的生活环境有关。藏狐主要栖息在海拔 3000—5200 米的青藏高原地区，为了适应高原上强烈的阳光，它们进化出了小而倾斜的眼睛。

藏狐的面部骨骼和肌肉发达，这使它们的腮帮子看起来格外方正。此外，它们下巴上厚厚的毛发也有助于抵御高原的严寒。

藏狐的鼻子比其他狐狸更尖且长，这有助于嗅探、捕食藏于洞穴中的猎物。

藏狐通常以高原上的野鼠、野兔为食。高原鼠兔是藏狐的主食，也是青藏高原的特有物种，繁殖力强，数量众多，藏狐完全不用担心饿肚子。

除了鼠、兔，藏狐也会捕食旱獭，也就是人们俗称的土拨鼠。

土拨鼠是挖洞的高手，它们的洞穴系统复杂，藏狐也想住在能遮风避雨的洞穴里，于是就盯上了土拨鼠的洞穴。

藏狐在繁殖季节会占领土拨鼠的洞穴，将幼崽产在洞内。此时，一些小土拨鼠就会沦为藏狐的食物。虽然听起来有些残忍，但这样的藏狐能防治草原有害类动物，对农牧业十分有利。

冷知识

藏狐是狐狸家族中唯一不会挖洞的。

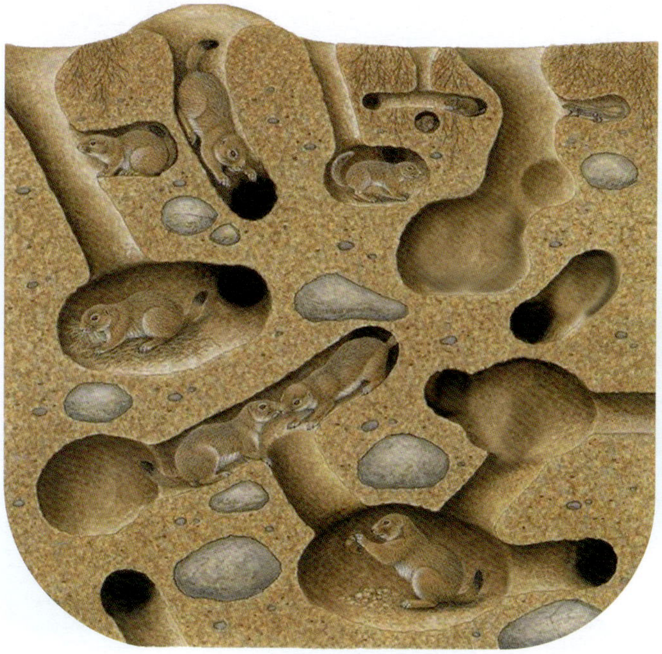

☆守护生物多样性宝藏☆

藏狐目前面临的主要威胁是皮毛贸易造成的过度捕杀。2000 年藏狐被列入《国家保护的有益的或者有重要经济、科学研究价值的陆生野生动物名录》；2008 年被列入《世界自然保护联盟濒危物种红色名录》；2021 年被列入中国《国家重点保护野生动物名录》。

扫一扫，看彩绘视频

貉：可爱又狡黠的“一丘之貉”

神奇档案

学名：*Nyctereutes procyonoides*

分类：犬科，貉（hé）属

特征：杂食性动物，主要以小型啮齿类动物为食

分布：中国东北经华北至华中、华东、华南与西南的广大地区

保护级别：无危（LC）IUCN 标准、国家二级重点保护野生动物

貉是一种古老的犬科动物，被认为是接近犬科祖先的物种，原产于俄罗斯和东亚中日韩地区。古时“貉”与“貊”、“貘”（mò）读音相同。成语“一丘之貉”中的“貉”就是这种动物。

在中国古代，“狸”可以指代狐狸、斑猫、貉等。随着时间的推移，貉逐渐与狐、猫区分开，不再属于“狸”的范畴，单指“一丘之貉”中的貉子（háozi）。

而“狸”字传入日本较晚，成了貉子的专用字，所以日语中的“狸猫”指的就是貉。

貉的外观与浣熊、狐狸有相似之处，“呆萌”中带着一丝狡猾。人们往往会将貉与浣熊、小熊猫弄混。

貉

貉的尾巴是纯黑色或黑灰渐变色。

貉的毛发比浣熊和小熊猫长，也更蓬松。

浣熊的尾巴是明显的环纹色。

浣熊

浣熊的四肢比貉和小熊猫更细长。

小熊猫

小熊猫的尾巴是明显的环纹色。

冷知识 貉是犬科动物里唯一会冬眠的，它们在秋季拼命找食物，把自己吃得胖胖的，等到冬季就美美睡上一觉，所以在秋季它们的体重能够增加 50% 以上。

貉喜欢栖息在潮湿的草地、灌木丛、混交林、河流湖泊岸边。

貉是杂食性动物，主要以各种小型动物为食，其中啮齿类动物占比很大，偶尔它们也会捕食鱼类、蛙类和蟹类。比起其他犬科动物，貉更依赖植物，喜欢吃植物的根、茎、叶和各种果实。

☆守护生物多样性宝藏☆

中国大部分地区的野生貉已经灭绝，2016 年貉被列入《世界自然保护联盟濒危物种红色名录》，野生种群被列入中国《国家重点保护野生动物名录》。近年来，凭借聪明、机警的天性以及广泛的食谱，貉的身影重现武汉、上海等地，成了城市夜间的隐秘邻居。公众在遇到貉时，应保持距离，不要投喂，以保护它们的自然习性和生态平衡。

扫一扫，看彩绘视频

绿孔雀：凤凰的原型

神奇档案

学名：*Pavo muticus*

分类：雉科，孔雀属

特征：束状冠羽

分布：中国云南省

保护级别：濒危（EN）IUCN 标准、国家一级重点保护野生动物

说到孔雀，很多人首先映入脑海的就是动物园中的蓝孔雀。蓝孔雀原产于印度、巴基斯坦、尼泊尔等国，主要特征是头部、颈部、腹部的羽毛为蓝色，冠羽散开。

孔雀有**绿孔雀、蓝孔雀、刚果孔雀** 3 个种，而绿孔雀是中国唯一原生孔雀，目前国内仅云南有分布。

所有孔雀都有羽冠，但颜色和形状会因品种、性别而有所不同

束状冠羽是绿孔雀明显的特征，绿孔雀以华丽的羽毛和独特的求偶舞蹈而著称。

绿孔雀颈腹部多为暗翠绿色，全身的羽毛有金翠光泽，透出一种低调的雍容华贵。

雄孔雀拥有鲜艳的羽毛，以及长长的尾羽，它们通过展开尾屏和进行求偶舞蹈来吸引雌孔雀。

蓝孔雀的雌鸟不会开屏，尾羽也比较短，外表并不华丽。而绿孔雀的雌鸟除了没有硕大尾屏外，同样美艳，颜值实力可以说碾压体色多为灰色的蓝孔雀雌鸟。

刚果孔雀是异类，雄性不会开屏，雌性比雄性漂亮。

在中国，绿孔雀有更为深远的文化内涵。古人将其视为凤凰的原型，是吉祥与尊贵的象征。绿孔雀的羽毛被插在官帽上以彰显官员品级的高低。

“翠角高独耸，金华焕相差”（韩愈诗），诗人如此赞美它；以才华著称的宋徽宗也不吝笔墨多次手绘绿孔雀，并留下“孔雀升高，必先举左”的点评；人们把最美的绿色称为“孔雀绿”……

孔雀不喜欢独居，一个小群体中，往往是一雄多雌。

当然也有全是“姐妹”的群体，只是数量极少。

往树上飞，是孔雀最有效的御敌方法。但比起飞翔，孔雀更擅长奔跑，奔跑平均速度16千米/小时。

相较于蓝孔雀，绿孔雀对生活环境更加挑剔，因此无论是种群数量还是分布范围都比不上蓝孔雀。

绿孔雀需要大片未受干扰的森林和充足的食物资源。它们以植物果实、种子，昆虫和其他小动物为食。

☆守护生物多样性宝藏☆

20世纪中叶以来，绿孔雀急剧减少，目前云南绿孔雀种群数量约为600只，珍稀程度远超大熊猫，是国家一级保护动物。近些年来，中国更为关注绿孔雀的生存状况，保护绿孔雀的自然栖息地和打击非法贸易是保护这一物种的关键措施。云南中部元江中上游河谷两侧的季雨林，庇护着国内60%以上的绿孔雀种群，是它们的理想家园。

扫一扫，看彩绘视频

中华秋沙鸭：长发飘飘的鸟界“国宝”

神奇档案

学名：*Mergus squamatus*

分类：鸭科，秋沙鸭属

特征：最古老的野鸭种类之一

分布：中国东北部的黑龙江、吉林、内蒙古等地区

保护级别：濒危（EN）IUCN 标准、国家一级重点保护野生动物

中华秋沙鸭，雁形目鸭科秋沙鸭属动物，是中国特有的珍稀鸭科动物。中华秋沙鸭被认为是第三纪冰川期后生存下来的物种，已经在地球上生存了一千万年，是名副其实的活化石。

中华秋沙鸭胸腹部的羽毛洁白无瑕，但两肋羽毛的边缘是黑色的，呈鳞状纹，因此它们还有一个别名——**鳞胁秋沙鸭**。

中华秋沙鸭的脚和喙呈鲜艳的橘黄色，它们的喙形状独特，两侧呈扁状，尖端呈钩状，类似于钳子，是捕捉水中鱼虾的有力“武器”。

中华秋沙鸭除迁徙时集合成大群，平时都以家族为单位活动。

中华秋沙鸭是水禽，却有树栖繁衍后代的行为，这点跟鸳鸯极为相似，雌鸭不筑巢，只在树丛中寻找天然树洞产卵，每窝平均产卵约 10 枚。

雄性中华秋沙鸭的头、颈、背部及翅膀部分羽毛为泛着淡淡金属绿的黑色。它们最具标志性的羽冠前短后长，仿佛喷了啫喱水，稀疏的毛根根直立，发型十分“奔放”。

雌性中华秋沙鸭的头部和颈部羽毛呈褐色，背部和翅膀呈灰色，羽冠比雄性短。

中华秋沙鸭主要繁殖地为中国东北，目前已知的有吉林的长白山和小兴安岭。在冬季，大多数中华秋沙鸭会迁徙到中国中部和南部地区。其间，它们常集结成小群，栖息在山间河流和水库湖泊中。

中华秋沙鸭是苏州的冬客，通常在深秋时自北方南迁到太湖流域的苇塘里避寒过冬。它们与各种野鸭汇成数以万计的大鸭群，漂浮在湖面上，嬉耍、捕鱼，蔚为壮观，就像一个规模宏大、喧嚣热闹的“野鸭派对”。

中华秋沙鸭飞行和游泳能力出众，能够进行长距离的迁徙，还能长时间在水下捕鱼或啄食水草。

冷知识 中华秋沙鸭在水中觅食要靠双眼观看，水的清澈程度会影响捕鱼效率。因此它们喜欢在水质清澈、食物充沛且人为活动干扰少的环境栖息繁殖，被视为河流生态系统健康的指示物种。

☆守护生物多样性宝藏☆

近年来，中国各地实施了一系列举措，为中华秋沙鸭撑起了“保护伞”。中华秋沙鸭被列入《世界自然保护联盟濒危物种红色名录》，中国将其列入《国家重点保护野生动物名录》和《中国濒危动物红皮书》。目前全球中华秋沙鸭的种群数量不到 3000 只。

扫一扫，看彩绘视频

黑脸琵鹭：自带“琵琶”的黑面舞者

神奇档案

学名：*Platalea minor*

分类：鹮（huán）科，琵鹭属

特征：嘴长而直，琵琶状的喙，黑色脸部

分布：在中国东南部沿海地区繁殖，越冬时分布在南部沿海

保护级别：濒危（EN）IUCN 标准、国家一级重点保护野生动物

黑脸琵鹭，是鹈形目鹮科琵鹭属的中型涉禽，是一种珍稀的鸟类。

冷知识

黑脸琵鹭也叫“饭匙鸟”“琵琶嘴鹭”“匙嘴鹭”“小琵鹭”“饭匙鹅”等，而它的英文名“Black—faced Spoonbill”，也准确地抓住了它们的特征。

黑脸琵鹭成鸟为白色，体长 60—78 厘米，翅膀长 33—37 厘米，尾长 10—13 厘米。

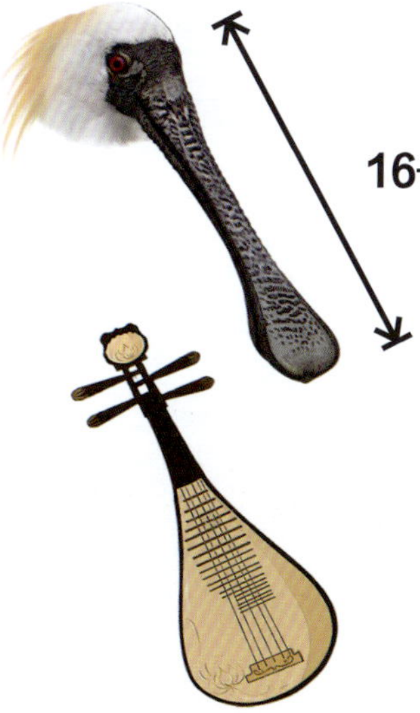

黑脸琵鹭黑色的喙长而直，上下扁平，先端扩大成匙状，表面有横向斑纹，因形似中国古典乐器琵琶而得名“琵鹭”。又因它们的嘴基、额、脸、眼周以及喉部连成了一片裸露的黑色区域，而被称为“黑脸琵鹭”，与其他种类的琵鹭区分开来。

黑脸琵鹭主要以水中的小型动物为食，它们捕食时会在水中缓慢行走，并将自带的“餐具”——汤匙状的喙插入泥水中，左右摆动搜索，捕捉水底的鱼虾和水生昆虫等。

黑脸琵鹭在中国一般为冬候鸟，越冬于湖南、贵州、广东、福建、海南、香港、台湾等地，迁徙期间见于辽宁、北京、河北、山东等地。

黑脸琵鹭实行“一夫一妻”制，关系稳定。它们的繁殖期通常在5月至7月，它们会在临水的岩石或灌丛上用小树枝筑巢，每窝产卵4—6枚，孵化期大约35天。

黑脸琵鹭的栖息地多样，包括内陆湖泊、芦苇沼泽及海边沼泽地带等。

由于水域污染和栖息地破坏，黑脸琵鹭的分布区和种群数量在过去几十年中大幅减少。20 世纪 30 年代，它们在中国东南沿海还比较常见，到了 20 世纪 80 年代，种群数量已下降至不足 300 只。

在繁殖期间，黑脸琵鹭的头后枕部会长出呈发丝状的黄色冠羽，前颈下部有黄色颈环，而在非繁殖期间，冠羽则相对较短，呈白色。

☆守护生物多样性宝藏☆

人类活动的影响和外围生境的破坏使黑脸琵鹭的生存受到严重威胁。黑脸琵鹭已被列入《世界自然保护联盟濒危物种红色名录》，中国将其列入《国家重点保护野生动物名录》和《中国濒危动物红皮书》。在各种政策措施的保护下，近年来，黑脸琵鹭种群有较大增长，如深圳湾的黑脸琵鹭数量约为 375 只，全球近 7000 只保护状况有所改善。

扫一扫，看彩绘视频

蚁䴕：会飞的“食蚁兽”

神奇档案

学名：*Jynx torquilla*

分类：啄木鸟科，蚁䴕（liè）属

特征：模拟蛇的行为以吓退入侵者

分布：中国分布于东北、内蒙古、宁夏、甘肃、青海、四川北部等地

保护级别：无危（LC）IUCN 标准、“三有”陆生野生动物

蚁䴕，又被称作“蛇颈鸟”或“地啄木”，是一种独特的鸟类，常栖息于低山丘陵、平原开阔的疏林地带。蚁䴕属于啄木鸟科，但它们的觅食习性与我们熟知的啄木鸟截然不同。

蚁䴕并不在树上啄木觅食，
而是在地面上搜寻蚂蚁。

蚁䴕的羽毛色彩类似树干的颜色和蛇的纹路，天然的伪装使它们在自然环境中难以被发现。

蚁䴕还有一项巧妙的自卫行为——装死。在遇到危险时，蚁䴕会保持静止，闭上眼睛，仿佛死去一般，这种策略能有效地欺骗捕食者，让蚁䴕安全逃脱。

当面临威胁时，蚁䴕会利用其灵活的脖子和长舌头，模仿蛇的行为，发出嘶嘶的声音，来吓退捕食者。

☆守护生物多样性宝藏☆

蚁䴕不仅在捕食和自卫行为上表现出独特的适应性，在生态系统中也扮演着重要的角色——通过捕食蚂蚁，控制蚂蚁的种群数量，维持生态平衡。蚁䴕有其独特的隐藏手段，很难被发现。

扫一扫，看彩绘视频

蚁䴕的舌头表面布满了细小的毛刺，能分泌胶状黏液，一旦接触到猎物，便能迅速将其黏住，独特的舌头使蚁䴕成为捕捉蚂蚁的高手。

冷知识

蚁䴕受惊时颈部会像蛇一样扭转，因此欧洲人给它取了一个有趣的名字——Eurasian Wryneck，直译过来就是“欧亚歪脖鸟”。

红原鸡：家鸡的祖先

神奇档案

学名：*Gallus gallus*

分类：雉科，原鸡属

特征：家鸡的祖先，具有特殊的生存技能

分布：中国云南、广西、广东和海南等地

保护级别：无危（LC）IUCN 标准、国家二级重点保护野生动物

红原鸡是家鸡的祖先，体型紧凑，羽毛鲜艳，栖息在热带雨林、季雨林、竹林、灌丛等多种环境中。

与家鸡相比，红原鸡体型较小，尾巴较长。

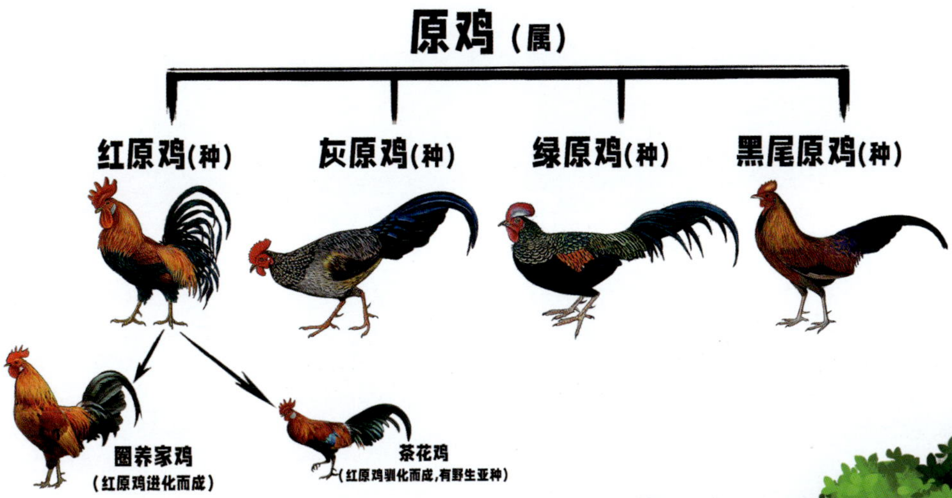

冷知识

由原鸡属的一种红原鸡驯化而来的茶花鸡，其啼声类似于“茶花两朵”，因此中国云南等地称其为“茶花鸡”。

红原鸡的繁殖期一般在每年的2月至5月，雄鸡会发出频繁的叫声，吸引母鸡。红原鸡的巢通常筑于地面，每窝产卵5—6枚，孵化期约19—21天。小鸡为早成性，孵化后不久就能随母鸡活动。

茶花鸡除了外形与红原鸡相似外，还遗传了不少红原鸡的特殊技能，比如能夜栖高枝之上、不慎落水后能冷静浮于水面，茶花鸡在这些方面都比其他家鸡略胜一筹。

☆守护生物多样性宝藏☆

由于栖息地丧失和过度捕猎，红原鸡的种群数量持续减少，已被中国《国家重点保护野生动物名录》列为二级保护动物。近些年随着动物保护工作推进，红原鸡数量快速增加，在西双版纳等地已经逐渐成为常见的野生动物，合法养殖的驯化茶花鸡也成为地域性美食。

扫一扫，看彩绘视频

双角犀鸟：坚贞不渝的“武士鸟”

神奇档案

学名：*Buceros bicornis*

分类：犀鸟科，角犀鸟属

特征：头部分有形似犀牛角的巨大盔突

分布：在中国分布于云南南部

保护级别：易危（VU）IUCN 标准、CITES 附录 I 物种、国家一级重点保护野生动物

双角犀鸟是犀鸟科角犀鸟属的一种大型鸟类，又称“大犀鸟”“大嘴雀”。其独特的头部盔突形似犀牛角，盔突的上面微凹，前缘形成两个角状突起，颜色橙黄，双角犀鸟因此而得名。盔突又像古代武士的头盔，使双角犀鸟看起来非常威武。

成年双角犀鸟的体长可以达到 1.2 米，翅膀长 50—55 厘米，翼展可达 1.6 米。

双角犀鸟的大嘴非常灵活，能够轻松采摘浆果、剥开坚果和捕捉动物。它们的食性为杂食，主要以热带植物的果实和种子为食，偶尔也捕食大型昆虫和爬行类、鼠类等动物。它们一般在树上觅食，偶尔也会下地捕食。

雄性双角犀鸟的上喙呈橙黄色，两翼呈黑色，飞羽呈白色，尾羽和飞羽颜色分布相反。雌性的羽色与雄性相似，但盔突较小。

双角犀鸟对伴侣非常忠诚，一旦形成伴侣关系，就会相伴一生。据说，如果其中一只死亡，另一只会因悲伤而绝食。因此双角犀鸟在许多国家被视为贞洁和爱情的象征，被称为“钟情鸟”。

繁殖期间，双角犀鸟会在森林中高大乔木的树洞里筑巢，雄鸟会衔泥和木屑等材料，将洞口封闭，仅留下一个小孔传递食物。

雌鸟在洞中照顾它们的爱情结晶。

冷知识

双角犀鸟是比较长寿的鸟类，一般寿命在30—40岁，最高寿可达50岁。

双角犀鸟在中国仅分布于云南南部的西双版纳、德宏和盈江。它们是留鸟，主要栖息在海拔 1500 米以下的低山和山脚平原的常绿阔叶林中，尤其偏好靠近湍急溪流的林中沟谷地带。

双角犀鸟因为头上的“犀角”而出名，却也因此招致灭顶之灾。

大多数鸟类的头骨为中空结构，但双角犀鸟所属的犀鸟科鸟类的头骨是实心的，且颜色鲜艳、质地细腻，易于雕刻，因而被非法贸易者所追捧。

由于盗猎者的非法猎杀和栖息地的破坏，双角犀鸟的生存正面临严重威胁。

为了使妻子和孩子们能得到充足的食物，雄鸟一次又一次地飞到外面觅食，繁殖期结束时，雌鸟和幼鸟都长得很胖，雄鸟却累得筋疲力尽。

☆守护生物多样性宝藏☆

双角犀鸟已被列入《世界自然保护联盟濒危物种红色名录》和《濒危野生动植物种国际贸易公约》附录Ⅰ。被中国《国家重点保护野生动物名录》列为一级保护动物。随着保护的深入，双角犀鸟的种群数量逐年增长。

扫一扫，看彩绘视频

大杜鹃：鸟中“骗子”

神奇档案

学名：*Cuculus canorus*

分类：杜鹃科，杜鹃属

特征：繁殖行为中的寄生繁殖策略

分布：在中国分布于东北、西北、华北、华中、西南、华南及青藏高原东缘和南缘

保护级别：无危（LC）IUCN 标准、“三有”陆生野生动物

在自然界中，生存竞争无处不在，每种生物都有其独特的生存策略。

苇莺是种勤劳的小鸟，一对苇莺夫妇正忙碌地孵化着它们的蛋，期待着新生命的到来。然而，它们并不知道，自己的命运将被一种叫作“大杜鹃”的鸟类改写。

大杜鹃，以其独特的繁殖方式而闻名，它们不筑巢，而是以寄生的方式繁殖。

这对苇莺夫妇外出觅食时，大杜鹃悄然而至，它移走了一枚苇莺的蛋，将自己的蛋产在苇莺巢中。

大杜鹃能控制、改变自己蛋的颜色和斑纹，让自己产的蛋看起来像巢内的其他鸟蛋。所以当了“养父母”的苇莺夫妇没有察觉，继续孵化巢中的蛋。

冷知识

杜鹃鸟又称“布谷鸟”，杜鹃鸟是杜鹃科鸟类的通称，主要有大杜鹃、三声杜鹃和四声杜鹃，只有50%的杜鹃有巢寄生现象。

不久后，大杜鹃的鸟蛋率先孵化，这只小鸟以惊人的速度成长。在成长过程中，它甚至会将其他蛋推出巢外，确保自己能够独占“养父母”提供的食物和关怀。

大杜鹃利用其他鸟类的抚养能力，确保自己的后代能够获得充足的食物和成长的机会，苇莺、柳莺、伯劳等鸟类都可能成为大杜鹃寄生繁殖的目标。这种行为在人类看来似乎不道德，但在自然界中，这是物种为了生存和繁衍所做出的自然选择。

☆守护生物多样性宝藏☆

古时的子鹃、子规、谢豹、杜宇，指的正是同一种鸟——杜鹃。大杜鹃在中国数量众多，因其独特的文化含义，备受中国人的喜爱。

大杜鹃幼鸟飞快成长，体型甚至超过了为它提供庇护的苇莺。羽翼丰满后，它就会离开这个家。

扫一扫，看彩绘视频

扬子鳄：形象最似中国龙的“活化石”

神奇档案

学名：*Alligator sinensis*

分类：鳄目，鼍（tuó）科

特征：小型鳄类、槽生齿

分布：中国长江下游地区

保护级别：极危（CR）IUCN 标准、CITES 附录 I 物种、国家一级重点保护野生动物

扬子鳄，是中国特有的一种短吻鳄鱼，别称“中华鳄”“中华鼍”。在扬子鳄身上，至今还可以找到恐龙类爬行动物的许多特征，它们和大熊猫一样，是“活化石”。

恐龙概念图

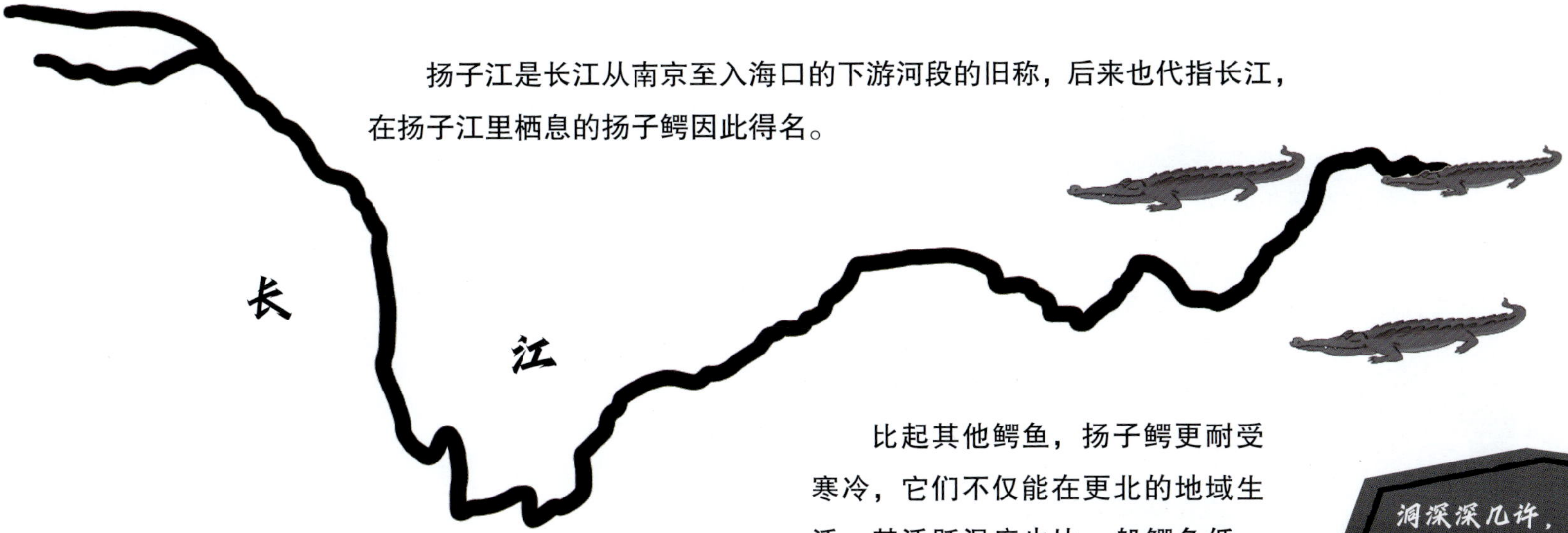

扬子江是长江从南京至入海口的下游河段的旧称，后来也代指长江，在扬子江里栖息的扬子鳄因此得名。

比起其他鳄鱼，扬子鳄更耐受寒冷，它们不仅能在更北的地域生活，其活跃温度也比一般鳄鱼低。如20摄氏度时，其他鳄鱼还在睡着，扬子鳄就能起来进食了。

扬子鳄的捕食行为很有趣，它们虽然拥有坚硬的牙齿和极强的咬合力，但这些牙齿是槽生齿，不能撕咬和咀嚼食物，它们只能用嘴把食物夹住然后囫囵吞下去。因此，扬子鳄捕获大型猎物后，通常会将其拖入水中淹死，然后整个吞食。

冷知识 冬季，扬子鳄会挖掘洞穴进行冬眠，它们是除了人类之外挖洞最深的大型动物。

鼍

扬子鳄早在甲骨文中就有记载，古人称其为“鼍”“鼍龙”，民间俗称“土龙”或“猪婆龙”。

在中国古代文献中，扬子鳄与龙有着密切的联系。

西周晚期龙形玉觿（xī）

在《西游记》等文学作品中，扬子鳄被描绘成在水中兴风作浪的奇异生物。

商玉龙

我就是那个扬子鳄妖怪！

大型鳄类的肚皮、胸、下颚都紧贴地面，无法挺胸抬头。而扬子鳄属于小型鳄类，平均体长 1.5 米，体型小巧的它们能灵活地挺胸抬头，颈部还能弯曲成“S”形，这与古代文物中龙的形象不谋而合。

羡慕我的“S”形身材吗？

大型鳄类

近年来，有关扬子鳄胆小可爱的视频在网络上引发热潮，网友戏称扬子鳄“战斗力堪比大鹅”“被游客吓到需要心理辅导”。

尽管扬子鳄外表“呆萌”，但它们仍然是具有一定危险性的野生动物，如在野外遇到扬子鳄，应保持距离，避免挑衅它们，确保安全。

☆守护生物多样性宝藏☆

由于历史上的农业扩张和过度捕猎，扬子鳄的栖息地已经大幅缩减，目前主要分布在安徽、浙江等地。扬子鳄已被中国《国家重点保护野生动物名录》列为一级保护动物，以前还未实现人工繁育时，扬子鳄的数量比野生大熊猫还少，如今，经过人工繁殖，扬子鳄数量稳定上升，得到了有效的保护。

扫一扫，看彩绘视频

白鱀豚：功能性灭绝的“水中大熊猫”

神奇档案

学名：*Lipotes vexillifer*

分类：白鱀（jì）豚科，白鱀豚属

特征：声呐系统的回声定位能力优于世界先进的声呐技术

分布：长江中下游的干流，洞庭湖、鄱阳湖和钱塘江口一带

保护级别：极危（CR）IUCN 标准、CITES 附录 I 物种、国家一级重点保护野生动物

白鱀豚，鲸目白鱀豚科白鱀豚属哺乳动物，是中国特有的物种。它们因独特的形态和生活习性被誉为“**长江中的大熊猫**”，是研究鲸类进化的活化石。

白鱀豚的眼睛较小，视力不发达，但它们拥有一套高度发达的声呐系统，能够发出特殊的声波，依靠回声定位来感知周围环境和捕食鱼类。

白鱀豚背面呈浅蓝灰色，腹面白色，尾鳍凹陷，呈新月形，一般称为“尾叶”。

白鱀豚体呈纺锤形。

体重可达 100 千克以上。

白鱀豚的尾叶和其他鱼类的尾叶方向不一样。

冷知识

鱼类尾叶是纵向的，所以鱼类游动时是左右摇摆尾巴。而鲸和豚的尾叶是横向的，游动时是上下摇摆尾巴。

白鱀豚头顶有一个用于呼吸的排气孔，当它们浮出水面呼吸时，会喷出水花。

陆地上的蝙蝠也有声呐系统，只不过声波传播介质与白鱀豚不同，一个是空气，一个是液体。

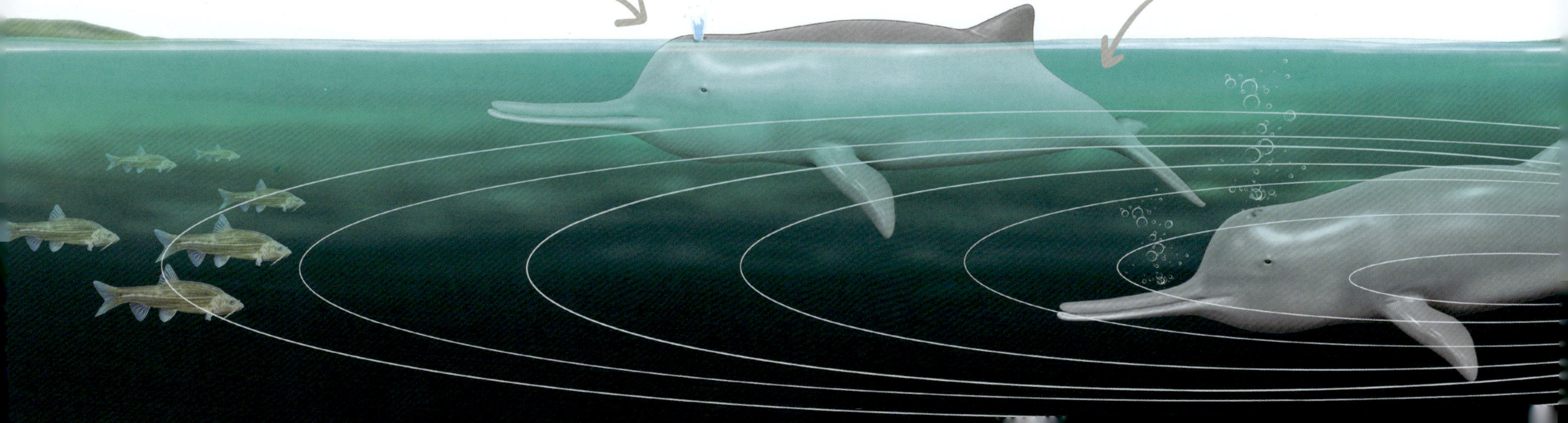

白鱀豚有细长的嘴巴，口中约有 130 颗牙齿，虽然不长却十分锋利，能有力地钳住各种鱼类。所以白鱀豚一类长有牙齿的豚也被称为“齿鲸”。

除了长有牙齿外，齿鲸和须鲸的区别还有体型，齿鲸体型普遍较小，比如白鱀豚。而须鲸体型普遍较大，比如蓝鲸，体长可达 30 多米。另外齿鲸只有一个鼻孔，而须鲸有两个。

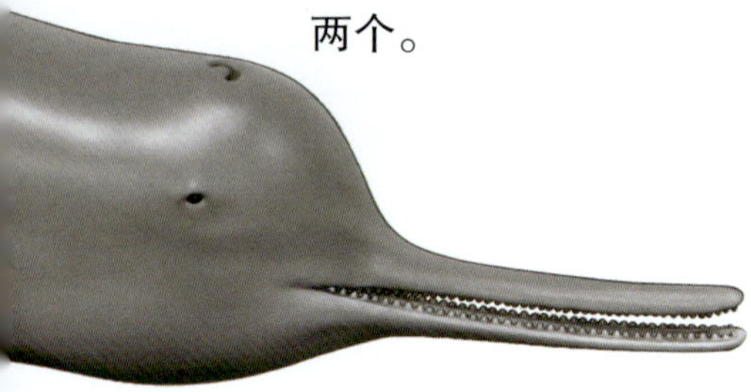

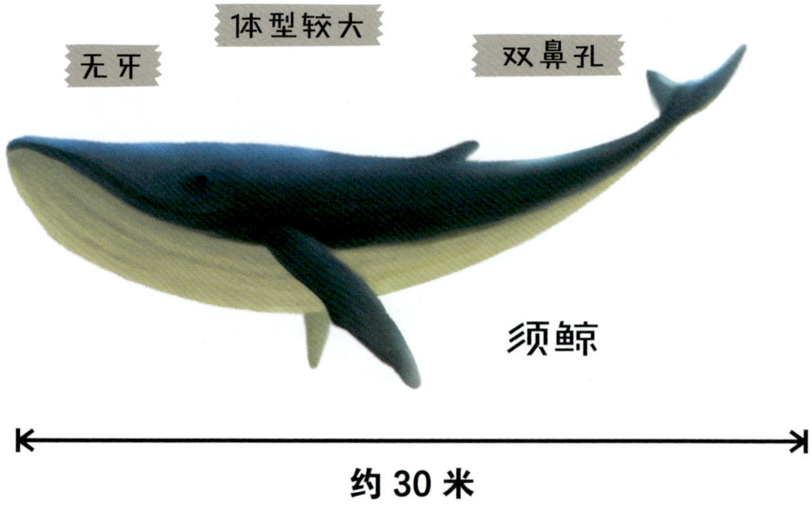

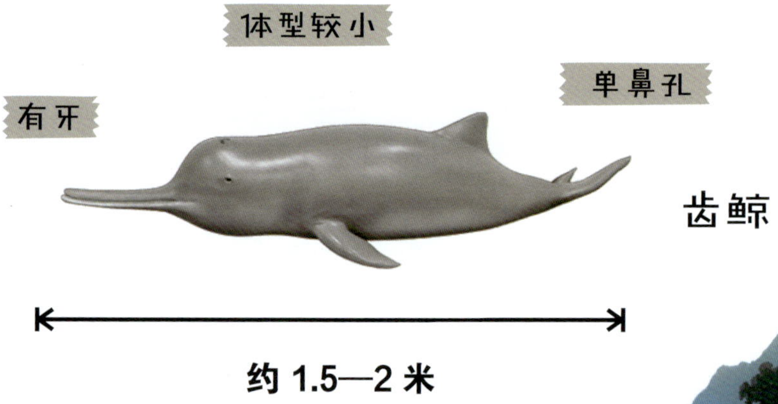

白鳖豚是世界上仅存的四种淡水豚中现存数量最少的一种。白鳖豚科的自然繁殖率很低，人为的干扰对白鳖豚的繁衍可谓是毁灭性的打击。

1984 年以前，白鳖豚的数量约有 400 头，但到了 1995 年已不足 100 头。2004 年，最后一次在野外观察到白鳖豚是在长江南京段，一头白鳖豚因搁浅而死亡。现白鳖豚已被认为功能性灭绝，但野外仍未确定是否真的已经灭绝。

白鳖豚主要分布在长江中下游的干流，以及洞庭湖、鄱阳湖和钱塘江口一带。它们是群居动物，性情温和，冬季时常三五成群地游荡寻食。耐寒的它们喜欢生活在江河的深水区，很少靠近岸边和船只。

☆守护生物多样性宝藏☆

2017 年白鳖豚被列入《世界自然保护联盟濒危物种红色名录》，2019 年被列入《濒危野生动植物种国际贸易公约》附录 I，2021 年被中国《国家重点保护野生动物名录》列为一级保护动物。希望有一天白鳖豚能重新在长江里出现。

扫一扫，看彩绘视频

中华鲟："长江鱼王"的洄游之旅

神奇档案

学名：*Acipenser sinensis*

分类：鲟（xún）科，鲟属

特征：体形长而扁平，背部有五列骨板，是古老的鱼类之一

分布：中国海域北起辽东湾，南到珠江口等地均有分布

保护级别：极危（CR）IUCN标准、CITES附录Ⅱ物种、国家一级重点保护野生动物

中华鲟是硬骨鱼纲鲟属的珍稀鱼类，是长江中最大的鱼类，被誉为"长江鱼王"。

"千斤腊子万斤象"是长江流域的民谚，腊子和象指的就是长江中的两大古老物种——中华鲟和白鲟。

中华鲟是地球上最古老的脊椎动物，也是鱼类共同的祖先——古棘鱼的后裔，已有约 1.4 亿年的历史。

名称：蛇颈龙化石
时代：三叠纪（晚期）

名称：古空棘鱼化石
时代：三叠纪

中华鲟比“海洋霸主”蛇颈龙还早诞生，恐龙和它们曾生活在同一时期，可以说它们见证了蛇颈龙和恐龙的灭绝。

现在的中华鲟，身上还保留着一系列原始特征——它们既是介于软骨鱼类与硬骨鱼类之间的类群，又是硬骨鱼类中原始特征保留较多的类群，在鱼类演化史中有重要的学术价值。

中华鲟常见个体体长 0.4—1.3 米，体重 50—300 千克，一些大个体可长到 5 米，体重可达 600 千克。

与常见的鱼类不同，中华鲟的身体呈纺锤形，鳞片几乎消失，转变为五行大而硬的骨鳞，增加了它的保护力。中华鲟口位于腹面，能够伸长形成筒状。

中华鲟是一种独特的鱼类，它们既能在淡水中生存，也能在海洋中遨游。中华鲟的分布范围广泛，北起中国辽东湾，南至珠江口，也见于日本、韩国和老挝的海域。然而，由于大型水利设施的建设和其他人类活动的影响，中华鲟的野生种群数量不断减少。

待幼鱼长大到 15 厘米左右，大鱼就会带它们游回海洋。中华鲟就这样世世代代在江河上游出生，在大海里长大。

夏秋季节，生活在长江口外浅海域的中华鲟会洄游到长江产卵繁殖。

中华鲟是底栖鱼类，它们通过口膜的伸缩将食物吸入腹内。主要以小型或行动迟缓的底栖动物为食，如虾蟹、鱼类、软体动物等。而上游江段的幼鱼吃的是一些更小的动物，如摇蚊幼虫、蜻蜓幼虫、蜉蝣幼虫等。

☆守护生物多样性宝藏☆

目前，黄河、闽江、钱塘江和珠江水系的中华鲟已经灭绝，长江上游的水域也已无中华鲟的踪迹。为了保护中华鲟，中国采取了人工繁育、野外增流放殖等措施，年均流放100多万尾，正在努力构建野外自然种群。此外，中华鲟已被列入《世界自然保护联盟濒危物种红色名录》和《濒危野生动植物种国际贸易公约》附录Ⅱ，被中国《国家重点保护野生动物名录》列为一级保护动物。

冷知识

中华鲟是少数能够察觉地磁场的生物之一，这种特性帮助它们在长距离洄游时进行导航。

扫一扫，看彩绘视频

布氏鲸：北部湾的神奇巨兽

神奇档案

学名：*Balaenoptera edeni*

分类：须鲸科，须鲸属

特征：体形较大，背部呈蓝灰色，以小型鱼类和甲壳类为食

分布：全球的温暖海域，在中国涠洲岛海域有目击记录

保护级别：无危（LC）IUCN 标准、CITES 附录 I 物种、国家一级重点保护野生动物

布氏鲸是鲸目一种体形优雅的海洋哺乳动物，也被称为“拟大须鲸”或“鳀（tí）鲸”，以细长的流线型身体而著称。

布氏鲸主要分布在太平洋、大西洋和印度洋的热带和温带海域。在中国，广西涠洲岛海域是布氏鲸频繁出现的区域之一。

成年雄性布氏鲸体长可达 14.6 米，体重约 20—25 吨，而成年雌性布氏鲸体长可达 15.6 米，体形略大于雄性。

冷知识 一般来说，体形较大的叫“鲸”，体形较小的称“豚”，这种划分对于普通大众来说比较直观，但并不严格。如瓜头鲸体长仅有 2—3 米，实际上是一种海豚；再如虎鲸，体长可达 9 米多，但它也是一种海豚。

布氏鲸头部背面有三条明显的隆起脊，头顶有两个气孔，呼吸时能喷出高达 3—4 米的水柱。

布氏鲸倾向于集群活动，通常一群两三头，偶尔也会出现 10 头左右的大群。布氏鲸平时的游泳速度约 2—7 千米 / 小时，快速时为 20—25 千米 / 小时。

布氏鲸身体背面通常呈蓝黑色，背鳍呈镰刀形，鳍肢窄而略尖，腹面则为白色或淡黄色。布氏鲸的腹部有 40—70 条腹褶，因此它们也被称为“长褶沟大须鲸”。这种独特的身体结构有助于它们在捕食时更有效地收缩、舒展腹部，吞食大量鱼类。

镰刀形的背鳍。

布氏鲸通常在呼吸四五次后，进行一次长潜水，可潜至水面下 300 米的深度。

腹部的腹褶。

布氏鲸的嘴巴能张得很大，但食道相对狭窄，因此它们主要以中小型鱼类为食，如沙丁鱼、鳗鱼、鲱鱼和鲭鱼等。

布氏鲸是一种没有牙齿的须鲸，它们通过嘴里的鲸须来滤食海水中的鱼类。

为了提高捕食效率，布氏鲸有多种捕食行为，研究者已记录到布氏鲸的 8 种捕食策略：右冲捕食、踏水捕食、自旋转捕食、合作冲刺捕食、前冲捕食、左冲捕食、竖冲捕食、腹冲捕食。

☆守护生物多样性宝藏☆

因环境恶化，猎捕过度，布氏鲸数量正在锐减。目前，布氏鲸已被列入《保护野生动物迁徙物种公约》（CMS）附录Ⅱ、《濒危野生动植物种国际贸易公约》附录Ⅰ和《世界自然保护联盟濒危物种红色名录》，同时也被中国《国家重点保护野生动物名录》列为一级保护动物。

扫一扫，看彩绘视频

绿海龟：绿色脂肪的“海洋明星”

神奇档案

学名：*Chelonia mydas*

分类：海龟科，海龟属

特征：体型庞大，脂肪呈现淡绿色

分布：分布于中国北起山东、南至北部湾的海域

保护级别：濒危（EN）IUCN 标准、CITES 附录 I 物种、国家一级重点保护野生动物

绿海龟是一种体形庞大的海洋爬行动物，体长可达 153 厘米，体重可达 250 千克。

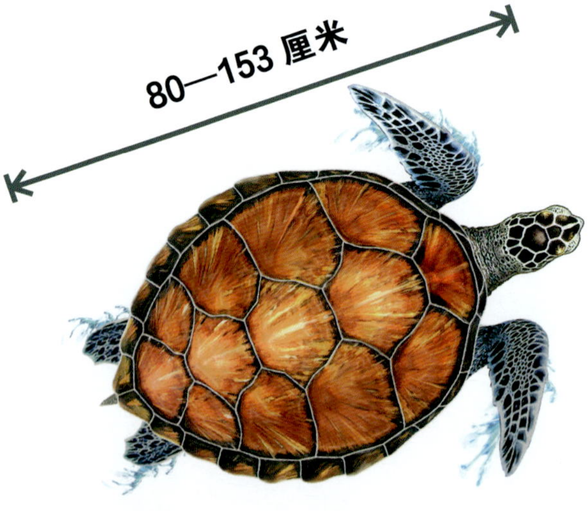

绿海龟的四肢已经特化成鳍状桡足，能像船桨一样灵活地划水。

绿海龟头部近似三角形，两颊黄色，前额长有一对暗褐色的鳞片。

绿海龟的背甲呈茶褐色，上面布满黄斑，这些斑纹使背甲具有独特的光泽和图案。

冷知识

因为绿海龟的龟壳是由肋骨加宽特化而成的，因此无法把头完全缩进壳里。

绿海龟的尾盾和颈盾。

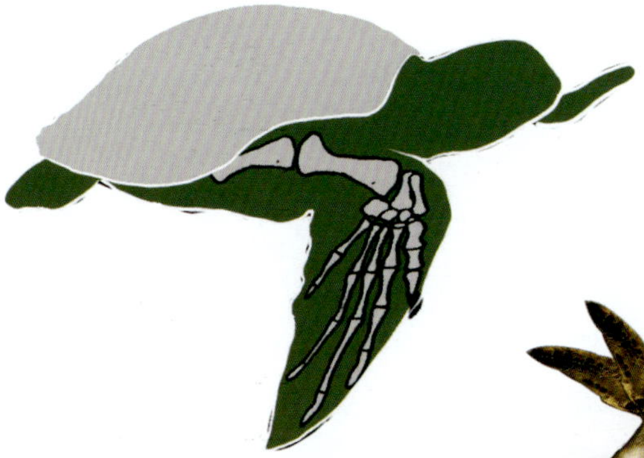

很多人因为名字误以为绿海龟的龟壳是绿色的，其实不然。成年的绿海龟，常年以海草和海藻为食，食物里的绿色素积累在脂肪里，使其脂肪呈现淡绿色，绿海龟因此而得名。

它们还有一种独特的呼吸方式——通过直肠两侧的肛囊进行气体交换，这使绿海龟能够长时间在水下生活。

绿海龟用肺呼吸，但由于胸部不能活动，它们采用吞气式的呼吸方式，需要定期将头伸出海面来呼吸。

☆守护生物多样性宝藏☆

如今，绿海龟已被列入《世界自然保护联盟濒危物种红色名录》和《濒危野生动植物种国际贸易公约》附录Ⅰ，被中国《国家重点保护野生动物名录》列为一级保护动物。通过研究，绿海龟已经成功实现人工繁育，在南海的种群数量实现了稳中有升。

绿海龟广泛分布在热带及亚热带海域中，它们是海龟里唯一会上岸晒太阳的种类。在中国，绿海龟主要分布于山东、江苏、浙江、福建、广东、台湾等地的沿海地带，尤以南海为多。绿海龟是唯一在中国产卵的海龟物种，迄今为止种群数量不详。然而，由于人类的渔业活动，绿海龟的生存受到了严重威胁。

扫一扫，看彩绘视频

除了海藻，绿海龟偶尔也会捕食软体动物或鱼类。

凹甲陆龟：“三头九尾”麒麟龟

神奇档案

学名：*Manouria impressa*

分类：陆龟科，凹甲陆龟属

特征：背甲呈褐色，中央有凹陷

分布：在中国分布于海南、云南、湖南、广西等地

保护级别：易危（VU）IUCN 标准、CITES 附录Ⅱ物种、国家二级重点保护野生动物

凹甲陆龟是一种龟鳖目陆栖型龟类，也被称为“麒麟龟”。它们以独特的背甲形状和色彩鲜明的龟甲而著称。

成年凹甲陆龟的背甲呈黄褐色，椎盾边缘有明显的黑褐色斑纹。它们的一块块背甲均向内凹，因此被称为**“凹甲陆龟”**。

凹甲陆龟缘盾和颈盾都呈三角形。当我们俯视凹甲陆龟，就能看到一个“三头九尾”的“神兽”，这或许就是古书《骈雅》中九尾龟的原型吧。

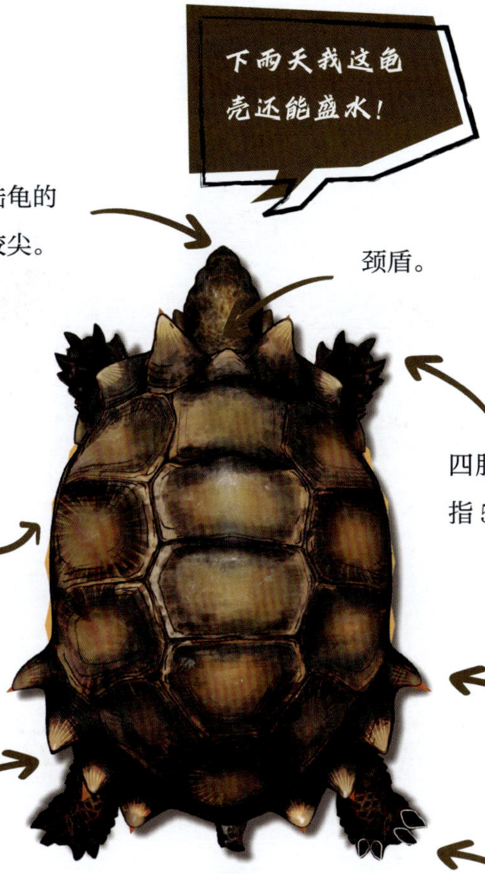

它们性情胆怯，受到惊吓时会把头缩入壳内，但过一会儿又会探出头来观察情况。

凹甲陆龟头部和颈部覆盖着小鳞片，脸颊和额上有少数大鳞。

凹甲陆龟适宜生活的温度为 20—30 摄氏度，气温高于 30 摄氏度时它们对水的依赖性增强，气温低于 18 摄氏度时活动量减少，并可能进入冬眠状态。有人认为凹甲陆龟不能冬眠，属于耐低温型，所以在寒冷的季节里，所谓的冬眠实际上是在硬抗，体质弱的难免死亡。

凹甲陆龟栖息于丘陵灌木丛林的干燥环境中，白天通常躲在阴凉处，静静趴着，一动不动。

凹甲陆龟主要生活在热带和亚热带的高山地区，分布于中国的湖南、广西、海南和云南西双版纳等地。

由于栖息地破坏、过度猎捕、非法贸易等，凹甲陆龟野生种群受到较大威胁。目前，部分动物园和保护区有少量饲养，但人工繁殖难度较大。

凹甲陆龟是卵生动物，雨季繁殖，每窝最多可产卵 6 枚。

冷知识

乌龟属于卵生生物，如果没有交配，乌龟也会生下未受精的蛋。

凹甲陆龟晨昏时出来活动和觅食，喜食蘑菇、竹笋、嫩草、野果等。

☆守护生物多样性宝藏☆

目前，凹甲陆龟已被列入《世界自然保护联盟濒危物种红色名录》和《濒危野生动植物种国际贸易公约》附录Ⅱ，中国将其列入《中国生物多样性红色名录——脊椎动物卷》和《国家重点保护野生动物名录》。

扫一扫，看彩绘视频

金斑喙凤蝶：蝶中“皇后”，中国“国蝶”

神奇档案

学名：*Teinopalpus aureus*

分类：凤蝶科，喙凤蝶属

特征：稠密且光亮的绿色鳞片

分布：中国特有物种，仅分布海南、广东、福建、广西等少数地区

保护级别：数据缺乏（DD）IUCN 标准、CITES 附录Ⅱ物种、国家一级重点保护野生动物

金斑喙凤蝶，是昆虫纲鳞翅目一种大型凤蝶，它们以独特的色彩和优雅的形态而闻名，是中国特有的物种，被誉为“国蝶”。金斑喙凤蝶的体形较大，体长约 30 毫米，翅展可达 93 毫米。

金斑喙凤蝶色彩璀璨夺目，像流光溢彩的宝石，因此又有“蝶中皇后”的美誉。

雄性的翅表底色为黑褐色，覆盖着稠密且光亮的绿色鳞片，闪烁着迷人的绿光。

雌性的前翅翠绿色较少，后翅外缘齿突更长，稍具弧度。

金斑喙凤蝶的生活习性独特，对环境的要求极高。它们是亚热带、热带高山物种，主要分布于中国的海南、广东、福建、广西等地，栖息在海拔约1000米的常绿阔叶林山地。

金斑喙凤蝶幼虫寄生于木兰科植物，而成虫则偏爱吸食杜鹃花科植物的花蜜，鲜少到地面进行饮水等活动，因此不易被发现和捕获，给科研工作带来了极大困难。

冷知识

除了对生存环境的高要求，金斑喙凤蝶的低生育率也是其珍稀的原因，它们一年一般只能繁殖2代，而且它们的族群阳盛阴衰，雌雄比例严重失调，雌雄最高性别差可达1：200。

金斑喙凤蝶在世界八大名贵蝴蝶中位居首位，也是世界上最名贵、极为罕见的蝴蝶之一。

1961 年，中国邮电部准备发行一套印有 20 种中国蝴蝶的邮票，金斑喙凤蝶自然在名单之列。其他 19 种蝴蝶很快就被图案设计师画出来了，可金斑喙凤蝶在国内根本找不到可以参考的标本，几经周折，才在国外的博物馆里找到了绘画参考的标本。直到 1984 年，中国东方标本公司历尽艰难才在武夷山自然保护区内捕获一只雄性金斑喙凤蝶，填补了中国无金斑喙凤蝶的空白。

金斑喙凤蝶的稀有性使许多蝴蝶研究者、收藏家及爱好者热衷于捕采和收藏。

然而，这种热情也导致了对金斑喙凤蝶的过度捕采。据报道，有人曾出价 10 万美元求购一只雌性金斑喙凤蝶。2002 年，广西大瑶山曾发生一起特大案件，263 只金斑喙凤蝶广西亚种遭到捕杀。

☆守护生物多样性宝藏☆

目前，金斑喙凤蝶已被列入《世界自然保护联盟濒危物种红色名录》和《濒危野生动植物种国际贸易公约》附录Ⅱ，被中国《国家重点保护野生动物名录》列为一级保护动物，被列入国际濒危动物保护委员会 R 级（最稀有的一级）。

扫一扫，看彩绘视频

滇叶䗛：长腿的“叶子”

神奇档案

学名：*Cryptophyllium yunnanense*

分类：叶䗛（xiū）科，隐叶䗛属

特征：模拟树叶，躲避天敌

分布：中国云南省南部

保护级别：国家二级重点保护野生动物

叶子的离开，是因为风的追求，还是树的不挽留？

或许，都不是。有没有一种可能，叶子有它自己的想法呢？

这种有自主行动意志的“树叶”，其实是一种拟态昆虫，名为叶䗛，接下来要讲述的主角是仅分布于云南的滇叶䗛。

滇叶䗛主要栖息在热带雨林中，以树叶为食。一般来说，如果某个地区发现了叶䗛，就说明当地生态质量足够优越。

☆守护生物多样性宝藏☆

叶䗛是热带森林健康的标志之一，它们拥有出色的拟态能力，但生存依然受到栖息地破坏和环境污染的威胁。科学家对滇叶䗛的习性研究不多，有待进一步考察与保护。

冷知识 叶䗛的繁殖方式很特别，可以通过交配繁殖，雌性自己也可以产卵繁殖，也就是“孤雌生殖”。

叶䗛凭借高明的隐身术躲避了大量天敌。

叶䗛的幼虫和成年雌虫缺乏飞行能力，只能依靠行走来移动。相比之下，成年雄虫拥有发达的后翅，能够飞行、寻找配偶或逃避捕食者。

和同样伪装成树叶的枯叶蝶相比，叶䗛更擅长模拟鲜翠绿叶，它们不规则的身体边缘模拟了树叶被虫子啃食过的样子，不仅如此，它们的身体颜色还会随着环境的变化而变化。在行走时，它们会模仿风吹树叶的动作，进一步增强了伪装效果。因此有人称之为“会行走的叶子”。

溜了溜了！

扫一扫，看彩绘视频

兰花螳螂：伪装成花朵的优雅“刺客”

神奇档案

学名：*Hymenopus coronatus*

分类：花螳科，花螳属

特征：粉嫩的配色与花朵融为一体

分布：在中国分布于云南省西双版纳热带雨林

在森林的深处，草木葱茏，花朵绽放。一只蝴蝶向一株长相不俗的“花朵”飞去。突然，“花瓣”动了！眨眼间，蝴蝶就被“花朵”死死抓住，任凭它怎么挣扎也无法挣脱！紧接着，“花蕊”动了起来，在蝴蝶身上撕咬……这就是热带雨林中的优雅“刺客”——兰花螳螂。

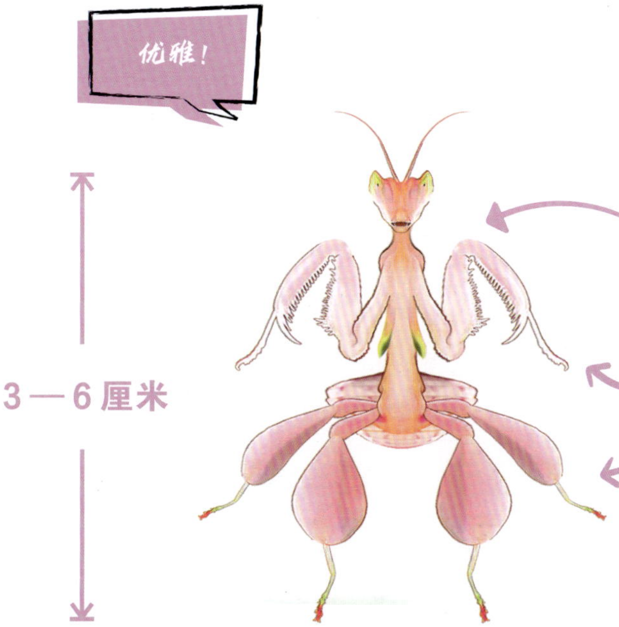

锥形复眼可以伪装为“花蕊”。

除了镰刀状的捕捉足外，其余四足的足股节处都是椭圆形的花瓣状，体色也和花朵几乎一致。不同的兰花螳螂个体还能随着花色的深浅调整自己身体的颜色。

传统上认为，兰花螳螂在静止状态下可以很好地拟态成花朵，在花丛中隐蔽自己，静待猎物上门，然后杀它们个措手不及。

冷知识

兰花螳螂有着较为极端的性别二态性，即雌雄个体之间存在很大的差异。成年雌性兰花螳螂体长达到6—7厘米，而雄性只有2.5—3厘米。

☆守护生物多样性宝藏☆

兰花螳螂栖息在湿度高、植被茂盛的环境中，在中国主要分布于云南。保护兰花螳螂对于维持热带雨林的食物链和生物多样性具有重要意义。

兰花螳螂也会抓小螳螂，后来，科学家发现兰花螳螂多数并不隐藏在花里，而是在绿叶上，把自己当花，来吸引蝴蝶或蜜蜂。这个现象被称为“攻击性拟态”。

扫一扫，看彩绘视频

珍稀植物篇

荷叶铁线蕨：奇巧秀气，宛如灵芝

神奇档案

学名：*Adiantum nelumboides*

分类：凤尾蕨科，铁线蕨属

特征：叶子呈半圆形或肾形，具有观赏价值和药用价值

分布：中国重庆万州区、石柱土家族自治县及周边地区，是三峡库区特有植物

保护级别：极危（CR）IUCN 标准、国家一级重点保护野生植物

荷叶铁线蕨，又称“荷叶金钱草”，是凤尾蕨科、铁线蕨属多年生草本植物。荷叶铁线蕨以其独特的叶片形状而著称，叶片呈半圆形或肾形，类似荷叶，因此得名。

荷叶铁线蕨的叶片边缘有一圈圆形的锯齿，新叶的边缘锯齿内翻紧贴着叶片，随着叶片长大，边缘锯齿会逐渐消失。

叶片表面有明显的主脉和侧脉，叶脉呈网状分布。荷叶铁线蕨的叶子是荷叶似的绿，十分灵巧、秀气，既有莲叶的闲适，也有灵芝的飘逸，具有很高的观赏价值。

荷叶铁线蕨喜欢温暖湿润的环境，它对光照的要求不高，但需要充足的水分和空气湿度，因此通常生长在溪边石缝中或林荫下的岩石上。

荷叶铁线蕨主要分布在中国重庆万州区、石柱土家族自治县及周边地区。由于三峡工程的建设，部分荷叶铁线蕨的生存环境受到了影响。为了保护这一珍稀植物，中国将其列入三峡工程生态补偿项目，并在 2002 年启动了抢救性保护工作，在重庆、武汉等地建设了保护基地。

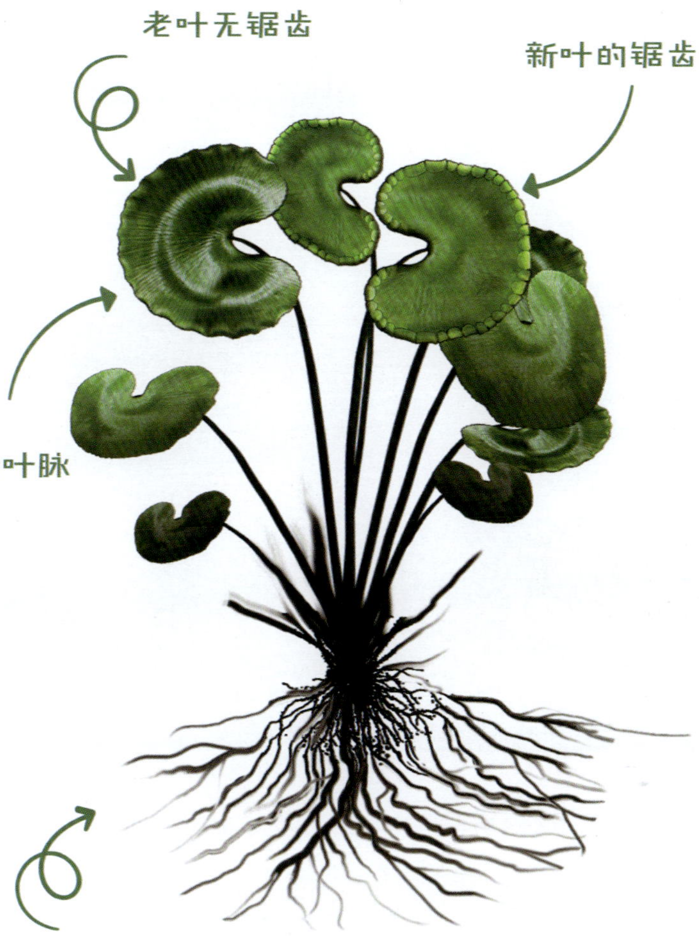

荷叶铁线蕨的根茎有许多细小的根须，可以吸收水分和养分。

☆守护生物多样性宝藏☆

荷叶铁线蕨是大自然的珍贵馈赠，为了保护这一物种，野生荷叶铁线蕨被列入《国家重点保护野生植物名录》和《世界自然保护联盟濒危物种红色名录》。2023 年，科研人员在重庆市万州区发现了零星分布的荷叶铁线蕨野生种群，这一发现证实了荷叶铁线蕨在野外尚未灭绝。

冷知识

荷叶铁线蕨还有一定的药用价值，全株可入药。

扫一扫，看彩绘视频

普陀鹅耳枥：仅存于中国的“地球独子”

神奇档案

学名：*Carpinus putoensis*

分类：桦木科，鹅耳枥属

特征：仅分布于普陀山的特有植物，适合生活在湿度较大的生境里

分布：中国浙江舟山群岛普陀山

保护级别：极危（CR）IUCN 标准、国家一级重点保护野生植物

普陀鹅耳枥是桦木科乔木，是中国特有的珍稀植物。普陀鹅耳枥仅分布于中国浙江舟山群岛的普陀山上，生于海拔 300 米以下湿度较大的生境中。

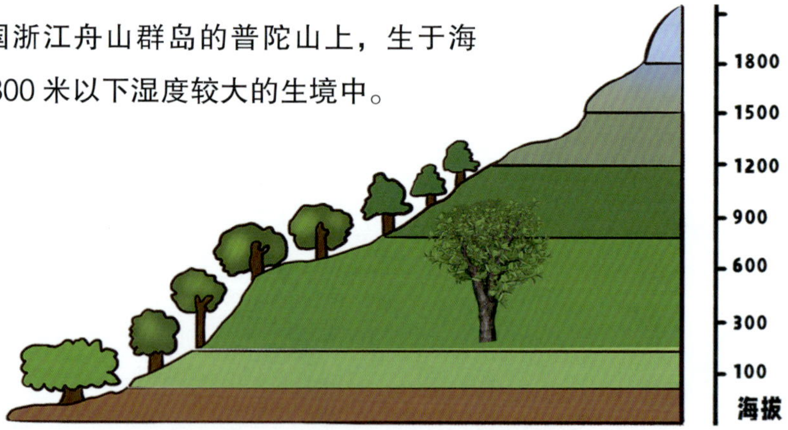

普陀鹅耳枥的花期在5月至6月，花为单性，长约1—2厘米，雌雄同株，但形状差异较大。果期在8月至9月，果序和花序一样呈串形。

雄

雌

普陀鹅耳枥叶子为椭圆形，嫩叶形状像一把小纸扇，边缘有不规则的刺毛状重锯齿，长约4—7厘米，宽约2.5—3.5厘米。

树皮呈灰色，小枝棕色。

现存的一株普陀鹅耳枥母树位于浙江省舟山市普陀佛顶山慧济寺西侧，高 12.8 米，主干胸径 63.7 厘米，树龄约 200 年。

1930 年，植物学家钟观光在普陀山采集到了这种植物的标本，1932 年林学家郑万钧将其鉴定并命名为“普陀鹅耳枥”。被发现时，普陀鹅耳枥仅剩一株，被称为“地球独子”。

为何普陀鹅耳枥野生植株这么少呢？除了人类砍伐外，还与它的传粉方式有很大关系。普陀鹅耳枥是一种风媒传粉植物，依赖于风这个不靠谱的“媒婆”，再加上雄花与雌花相遇的时间仅有 9 天，根本来不及“交流感情”就双双化作春泥了，这让普陀鹅耳枥繁殖后代越来越难。

20 世纪 50 年代初，普陀山上尚存较多野生的普陀鹅耳枥，但由于人为砍伐等干扰，该树种濒临灭绝。

冷知识 为了拯救“地球独子”，中国在 2011 年将普陀鹅耳枥的种子带到太空进行繁育，试图让其发生基因变异，获得更加优异的种子带回到地球进行栽种。

雌花和雄花仅有 9 天时间传播花粉。

☆守护生物多样性宝藏☆

普陀鹅耳枥这一珍稀树种被列入中国《国家重点保护野生植物名录》和《世界自然保护联盟濒危物种红色名录》。如今，被发现时仅存 1 株的普陀鹅耳枥已野外回归 4000 余株、人工育苗数万株，实现了迁地保护。

扫一扫，看彩绘视频

硬叶兜兰：兰花界的“玉女”

神奇档案

学名：*Paphiopedilum micranthum*

分类：兰科，兜兰属

特征：花朵大而艳丽，有“兜”状唇瓣

分布：在中国分布于南方的山区

保护级别：极危（CR）IUCN 标准、国家二级重点保护野生植物

硬叶兜兰是一种生长在地面或半依附于其他植物上的珍稀兰花。硬叶兜兰生长在海拔 1000—1700 米的石灰岩山坡或石壁缝隙中，偏爱疏松肥沃和排水良好的腐叶土，喜欢温暖、湿润和半阴的环境，主要分布在中国云南和中南半岛地区。

硬叶兜兰的叶片基生，形状为长圆形，质地坚硬。叶片正面呈现出深绿与浅绿相间的网格斑纹，而背面则布满了密集的紫色斑点。

地下藏着细长而横走的根状茎，有少数稍肉质而被毛的纤维根。

冷知识 硬叶兜兰的兜状唇瓣就像一个陷阱，它们通过鲜艳的颜色和各种斑点或毛来吸引传粉者，但并没有花蜜作为回报。

硬叶兜兰最引人注目的特征是其深囊状的唇瓣，占据了花朵的一半以上。

硬叶兜兰的花期一般在春季的 3 月至 5 月，花莛从叶丛中直立抽出，紫红色有深色斑点，被长柔毛，花莛顶端仅开一朵花，颜色为粉白或淡黄。

硬叶兜兰的花朵或优美雅致，或玲珑剔透，因而有“玉女兰”之称，与杏黄兜兰并称为兜兰界的“金童玉女”。

硬叶兜兰虽然植株小巧，却有着大而艳丽的花朵，花形奇特，花期长，是极好的室内盆栽观赏植物。同时，它也具有一定的药用价值，全株可入药。

第一个硬叶兜兰活体植株亮相香港拍卖行时，大家都被其美丽所征服。巨大的经济利益成了悬在野生硬叶兜兰头上的“达摩克利斯之剑”，由于过度采挖和生境破坏，从 20 世纪 90 年代初到 21 世纪初的 10 年间，硬叶兜兰的野生种群数量大幅缩减。

☆守护生物多样性宝藏☆

硬叶兜兰已被列入中国《国家重点保护野生植物名录》，列入《华盛顿公约》附录 I，列入《世界自然保护联盟濒危物种红色名录》极危，列入《中国生物多样性红色名录－高等植物卷》易危。经过多年探索，硬叶兜兰的保育情况正在逐步改善。

扫一扫，看彩绘视频

金花茶：深山中的“茶族皇后”

神奇档案

学名：*Camellia petelotti*

分类：山茶科，山茶属

特征：金黄色花朵，具有观赏价值、饮食价值和药用价值

分布：主要分布于中国广西南部、西南部

保护级别：濒危（EN）IUCN 标准、国家二级重点保护野生植物

金花茶是山茶科常绿乔木，与山茶、南山茶、油茶、茶梅等为“孪生姐妹”。

金花茶喜欢温暖湿润的气候，不耐严寒酷暑，适宜生长在排水良好、肥沃疏松的微酸性土壤中。生长于海拔 700 米以下，以海拔 100—900 米之间的范围较常见。植株高度一般在 2—5 米之间。

金花茶的花期在每年 7 月至 8 月，花朵单生于叶腋，花瓣金黄色，璀璨夺目，仿佛涂着一层蜡，晶莹油润。

金茶花的果期在 11 月至 12 月，果实为蒴果，呈三角球形，宽 2—3 厘米，先端有 3 个宿存萼片。

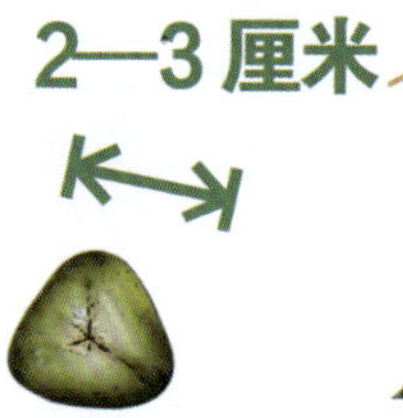

冷知识

金花茶高纯度的颜色，填补了茶科家族没有金黄色花朵的空白。

树皮呈灰白色，平滑。

叶片革质，长圆形或披针形，边缘有细锯齿。

金花茶可谓“浑身都是宝”，用途广泛，被誉为“茶族皇后”，外国人称之为神奇的“东方魔茶”，在茶科家族中独树一帜。

金花茶的种子可榨油、可食用或做工业润滑油及其他溶剂的原料。

金花茶的木材质地坚硬、结构细密，是做雕刻及工艺品的好材料。

金花茶的叶子可用传统制茶工艺做成茶叶来饮用。

金花茶的花蕾，流金溢彩，除了观赏外，也可以干制泡水饮用。

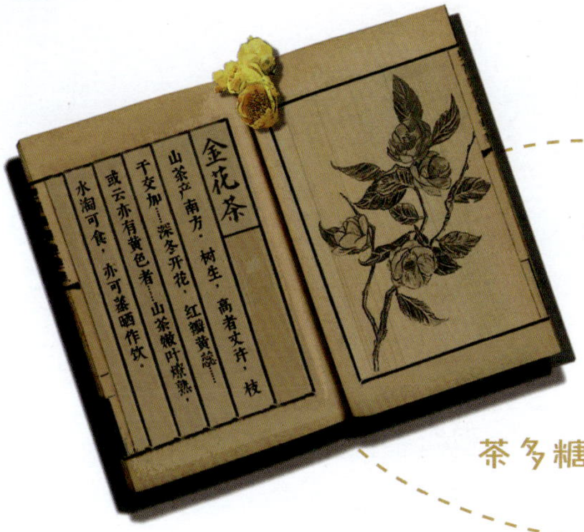

金花茶具有极高的药用价值，花朵亦可入药。而现代科学研究表明，金花茶含有400多种营养物质，营养物质含量高于其他茶属植物。

☆守护生物多样性宝藏☆

由于金花茶的生存环境特殊，加上过度采挖、森林砍伐、生态破坏等人类活动的影响，野生金花茶的生存面临严重威胁。目前，野生金花茶已被列入中国《国家重点保护野生植物名录》和《世界自然保护联盟濒危物种红色名录》。如今，通过人工繁育，金花茶已经广泛种植，实现迁地保护。

金花茶分布区域极其狭窄，全世界90%的野生金花茶仅分布于中国广西防城港市十万大山的兰山支脉一带。

扫一扫，看彩绘视频

海菜花：水质“观测员”

神奇档案

学名：*Ottelia acuminata*
分类：水鳖科，水车前属
特征：对水质污染很敏感
分布：中国广东、广西、云南、海南、四川、贵州等地，为中国特有物种
保护级别：易危（VU）中国生物多样性红色名录标准、国家二级重点保护野生植物

海菜花是水鳖科水车前属的沉水植物，是中国特有植物。海菜花的整个植株都沉在水下，只有开花时，白色的花才会探出水面，让人一睹它的魅力。

海菜花根固定在水底的淤泥中，而植物体有两种类型的叶片：沉水叶和浮水叶。沉水叶长条状椭圆形，与茎一起生长在水中；浮水叶则呈心形，常浮于水面。

花瓣通常有三片，呈白色倒心形，绽放在水面上，中间是一抹鹅黄色的花蕊，给人清新脱俗的感觉。

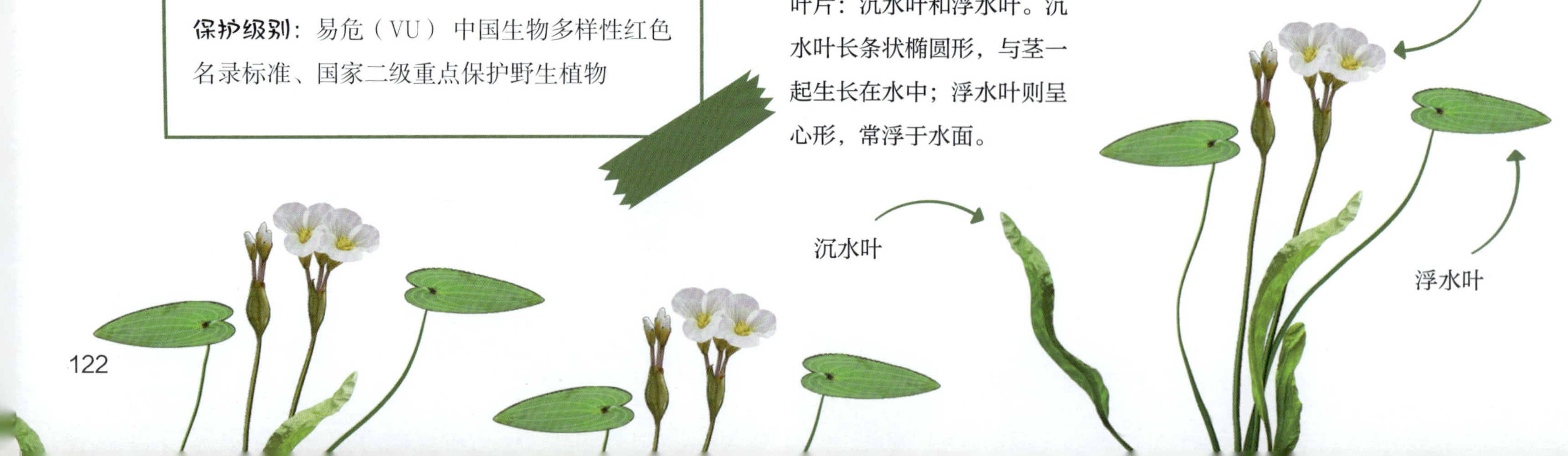

在水下生长的海菜花如何进行光合作用呢？

研究发现，水生植物通常具有比陆生植物更强的浓缩二氧化碳的能力。海菜花的叶片能够吸收溶解在水中的二氧化碳，根系也能从水底淤泥中吸收碳源，以支持光合作用。

光照是影响海菜花生长的关键因素。在清澈透明的水体中，海菜花能够通过改变自身的形态和生理特征来适应水下的弱光环境——其叶长、单片叶面积、株高和茎叶长会随水深增加而增加，从而获得更多可利用性光。

海菜花的花期在 5 月至 10 月，温暖地区全年有花。海菜花盛开时，远看星星点点，宛若繁星坠河；近看花娇叶繁，又如一幅流动的水彩画。正如一首童谣所唱——

“海菜花白菜花，喜爱洗澡的小黄花，青青的水不带泥还不带沙，滇池到处都是海菜的家。”

冷知识 海菜花的别称“水性杨花”，正源于其花朵和少数浮水叶漂浮在水面上的特点。

☆守护生物多样性宝藏☆

海菜花在广西西南部高原台地的河溪与云南湖泊当中能形成稳定的沉水植物群落，但分布极其狭窄，生境脆弱。20 世纪 60 年代以来，由于水体污染及其他因素的影响，海菜花生存环境受到威胁，种群数量减少。目前，海菜花被中国列入《国家重点保护野生植物名录》和《中国生物多样性红色名录——高等植物卷》易危物种。

扫一扫，看彩绘视频

箭根薯：“老虎的胡须”可以摸

神奇档案

学名：*Tacca chantrieri*

分类：薯蓣科，蒟蒻（jǔ ruò）薯属

特征：开出的花为黑色

分布：中国云南、海南、广东、广西等地

保护级别：近危（NT）中国生物多样性红色名录标准

箭根薯，又称“老虎须”，是蒟蒻薯科多年生草本植物，是植物界中罕见的黑色花朵之一。

箭根薯的花朵结构由四枚总苞片组成，此外还有数量众多的小苞片，它们细长飘逸，长度可达十几厘米。小苞片下垂的姿态给人一种动态的美感，形似虎须，整个花序看起来就像一张老虎的面孔，因此得名“**老虎须**”。

也有人觉得老虎须像黑夜里的蝙蝠，又称其为“**蝙蝠花**”。

老虎须产于云南、海南、广东、广西等地，生于雨林荫湿处，是集赏花、观叶、药用于一体的珍稀植物。近年来，老虎须野外分布范围及个体数量日趋减少，处于濒危状态。

☆守护生物多样性宝藏☆

如今，中国将老虎须列入《中国生物多样性红色名录——高等植物卷》和《中国植物红皮书》进行保护。经过西双版纳植物园的专家繁育，以及奇花异卉的园艺推广，老虎须已实现了迁地保护。

老虎须的黑色苞片不仅是一种独特的自然现象，而且具有生物学上的意义。它们生活在热带阴暗的沟谷中，黑色的苞片有助于吸收热能，同时也能保护植物不受强光的突然伤害。

关于老虎须的“胡须”功能，目前还没有确切的解释。有人认为这些胡须可能是为了模仿猫科动物以恐吓老鼠，防止它们啃食果实，但实验表明老鼠并不害怕老虎须。

另一种假设是这些胡须可能有助于自交授粉，但当植物学家切除胡须后，发现其自花授粉并未受到影响。因此，老虎须的胡须功能仍然是一个谜。

在不同的光照环境下，老虎须的苞片甚至能改变颜色，从黑紫色变为黑绿色，适应不同光环境。

扫一扫，看彩绘视频

茴香砂仁：野生植物中的“香香公主”

神奇档案

学名：*Etlingera yunnanensis*

分类：姜科，茴香砂仁属

特征：直立草本植物，具有辛辣气味

分布：中国云南省西双版纳等地

保护级别：无危（LC）IUCN标准、易危（VU）中国生物多样性红色名录标准、国家二级重点保护野生植物

就像蜂虎既不是蜂也不是虎，茴香砂仁既不是茴香也不是砂仁，而是姜科茴香砂仁属的一种草本植物。茴香砂仁之所以叫茴香砂仁，是因为它长得像砂仁，揉之又有茴香味。

茴香砂仁可以生长至3米高，叶片呈披针形。

茴香砂仁花期一般在5月，总花梗由根茎生出，通常紧贴地面生长，大部分埋于土中。

在开花期间，花朵通常5至6朵为一轮，由外向内依次开放。苞片和花萼呈红色，而花瓣较大，突出于花冠之外。花瓣边缘黄色，中央有一个红色的斑点，形似一只眼睛。

随着开花次数的增加，花茎会逐渐长高，最终结出果实。果实接近球形，直径约2.5—3厘米。

成熟后，果实会开裂，干制后呈栗褐色，种子呈黑色，有辛辣气味。

茴香砂仁新鲜的根茎和干燥的果实都可作为香料使用。在中国传统烹饪中，茴香砂仁被广泛用于调味，可以用来炖肉、煮汤、制作糕点等，为食物增添独特的香味。云南的基诺族人就习惯使用茴香砂仁的根茎作为肉品的调味料。除了烹饪用途外，茴香砂仁还可以入药。

茴香砂仁通常生长在海拔600—1000米的疏林下荫湿环境中，主要分布在中国的云南西双版纳等地。由于野外大量采挖、生境丧失、自然结果率低等，茴香砂仁目前已成濒危物种。

☆守护生物多样性宝藏☆

尽管茴香砂仁在烹饪和中医药领域有着重要的应用价值，但由于其野生资源日益减少，已被列入《世界自然保护联盟濒危物种红色名录》，被中国列入《国家重点保护野生植物名录》和《中国生物多样性红色名录——高等植物卷》。近些年，通过人工繁育，茴香砂仁基本实现了迁地保护。

华盖木：“中华盖世之木”

神奇档案

学名：*Pachylarnax sinica*

分类：木兰科，厚壁木属

特征：树冠庞大，郁郁葱葱，宛如华盖

分布：中国云南局部地区

保护级别：极危（CR）IUCN标准、极危（CR）中国生物多样性红色名录标准、国家一级重点保护野生植物

华盖木是一种壮观的常绿大乔木，其花色艳丽且芳香，是庭园观赏的优选树种，木材通直坚硬，具有很高的经济价值。因其树冠郁郁葱葱、十分宽广，且树干挺直，形似古代座驾上的华盖而得名，也有“中华盖世之木”的美誉。华盖木的9枚硕大的花被与中华传统文化中的至尊之数“九”相呼应，更显庄重。

华盖木的小枝为深绿色。叶呈尖圆形，叶面为深绿色并有光泽，而叶背为淡绿色。

树皮灰白色。

华盖木的花单生于枝顶，花蕾绿色或粉紫色，倒卵圆形或卵球形，3 片为 1 轮，外轮 3 片呈长圆状匙形，中轮 3 片和内轮 3 片逐渐缩小，呈倒卵状匙形，花蕊绿色。

果实为聚合蓇葖果。幼果为绿色，成熟时转为褐红色，开裂后露出红色的种子。

一直以来，华盖木仅分布于云南局部地区海拔 1300—1500 米山坡上部向阳的沟谷潮湿山地，分布范围十分狭小。最初在野外仅发现了 6 株，后来陆续发现了 52 株。但由于生境的退化或丧失，华盖木的野外生存条件仍受到严重威胁。

冷知识

“华盖”一词源自上古传说中的黄帝头顶上的五色云气，象征着帝王的权力和威严。发展至春秋战国时期，具象化为象征人间帝王权力的礼仪器物——伞盖。发现并且为华盖木命名的木兰科植物分类学家刘玉壶的文化水平可见一斑。

虽然华盖木的命名稍晚，但它诞生的历史比黄帝还要久远。华盖木是 1.4 亿年前地质时代第三、第四纪遗留下来的古老孑遗树种，属于地球元老级别的物种，对于分类系统和古植物区系研究具有重要的学术价值。

☆守护生物多样性宝藏☆

华盖木已被列入中国《国家重点保护野生植物名录》和《世界自然保护联盟濒危物种红色名录》。近些年云南省繁育了上万株幼苗，促进了华盖木的迁地保护。

扫一扫，看彩绘视频

望天树：“一树擎天”的热带雨林标志性物种

神奇档案

学名：*Shorea wangtianshuea*

分类：龙脑香科，柳安属

特征：高可达 50—80 米，具有极高的经济价值和药用价值

分布：在中国分布于云南、广西等地

保护级别：濒危（EN）IUCN 标准、国家一级重点保护野生植物

望天树是龙脑香科常绿高大乔木，是一种在热带雨林中生长的珍贵树种。望天树主要分布在中国的云南、广西，以及东南亚大部分热带雨林。它们生长在海拔300—1100 米的沟谷雨林中。

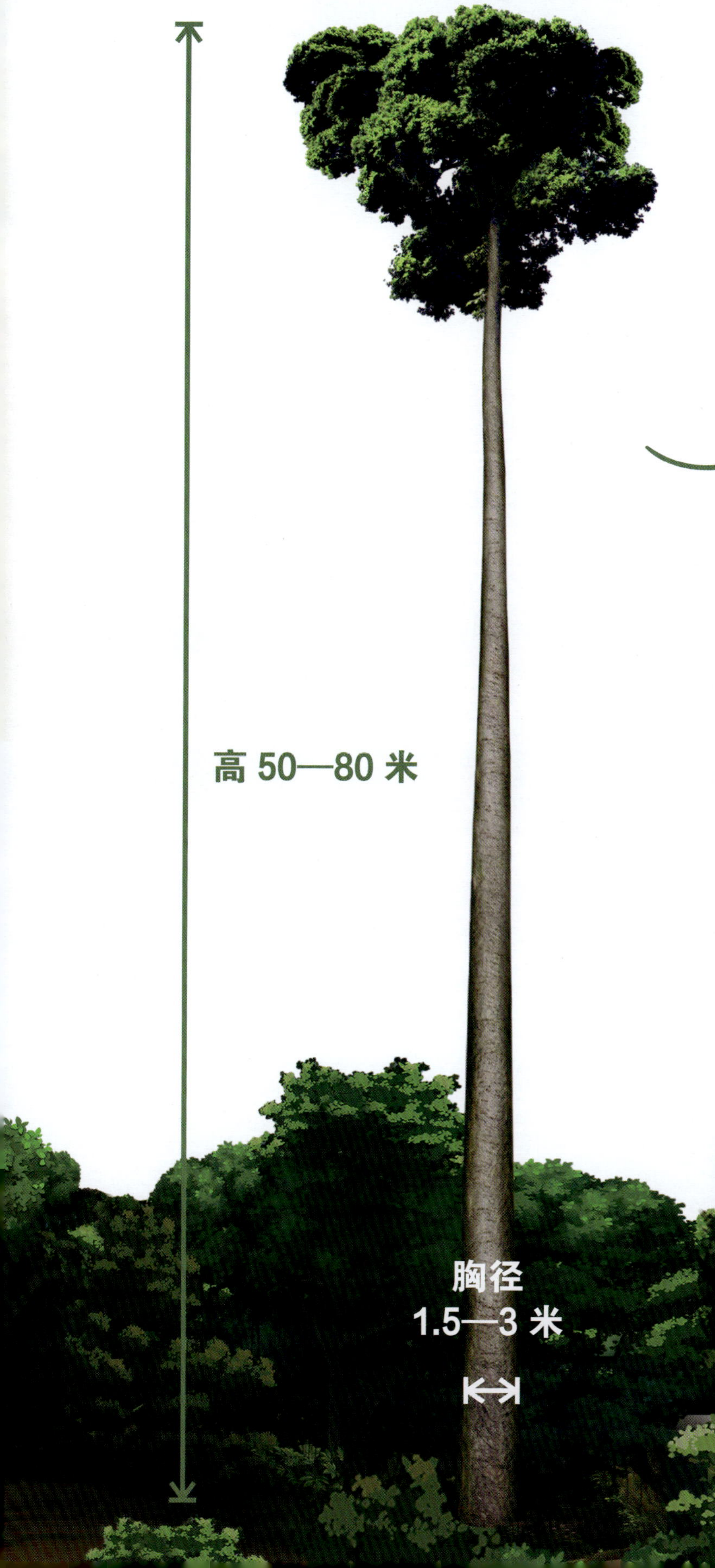

望天树的高度可达80米，胸径可达3米，因其高大挺拔，被誉为“擎天树”，在云南西双版纳地区也被称为“伞树”。望天树的树冠呈塔形，树干笔直修长，整棵树形似一把大伞。

很像雨伞的伞树。

除了科学价值，望天树还具有极高的经济价值，其木材坚硬耐用，可以用于建筑、家具、造纸等行业。此外，望天树还具有一定的药用价值。

冷知识 由于龙脑香科植物的热带属性，国际上常将其作为评判热带雨林存在与否的依据之一。1974 年，在云南西双版纳勐腊县发现了望天树，从科学上证明了中国热带雨林的存在。

望天树在达到一定树龄后才会开花结果。它们的小花呈乳白色，具有芳香气味。

望天树树叶先端渐尖，基部圆形，有 14—19 对羽状侧脉，幼树小枝上的托叶会随着植株成长逐渐脱落。

望天树果实为长卵形，每颗果实都有 5 枚褐色的翅膀，这些果翅使种子能够在脱落时借助风力飞离母树，从而实现更远距离的播种。

☆守护生物多样性宝藏☆

由于过度砍伐和森林破坏，望天树的野生数量正在逐渐减少。为了保护这一珍稀树种，中国采取了许多措施，如建立自然保护区、加强森林管理、推广人工栽培等。望天树已被列入中国《国家重点保护野生植物名录》，也被列入《世界自然保护联盟濒危物种红色名录》。

扫一扫，看彩绘视频

银杏：植物界“大熊猫”

神奇档案

学名：*Ginkgo biloba*

分类：银杏科，银杏属

特征：裸子植物，生长缓慢的“公孙果”

分布：全球（原产地为中国）

保护级别：濒危（EN）IUCN 标准、国家一级重点保护野生植物

银杏是一种乔木，高度可达 40 多米，胸径可达 4—5 米，是一种珍贵的用材树种。

银杏的叶片呈扇形，有长柄，而种子具长梗，呈卵圆形或近圆球形。

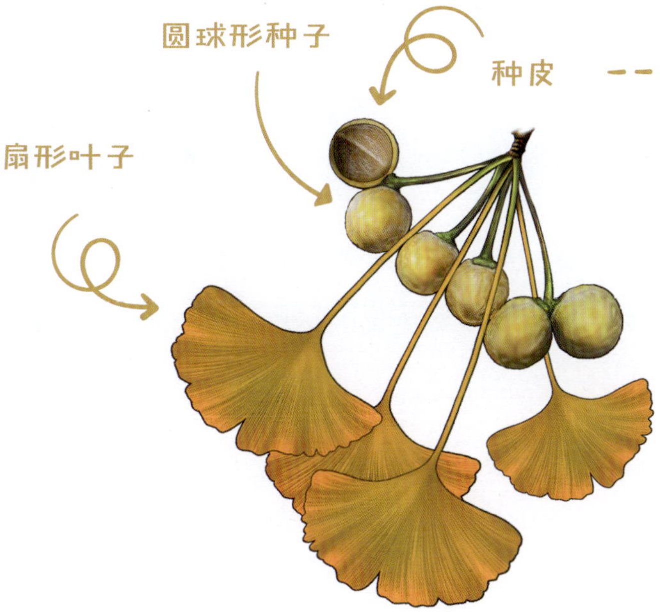

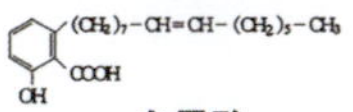

白果酸

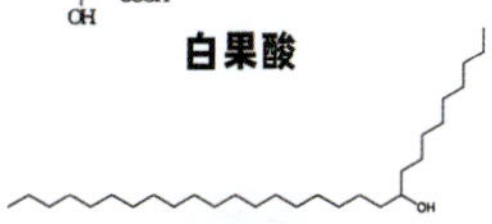

白果醇

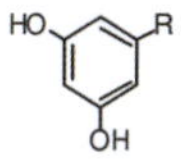

白果酚

银杏是裸子植物，即种子没有厚实的“果肉”包裹，只有一层薄薄的**乳黄色种皮**。人们常说的银杏果其实只是银杏的种子，银杏种子黄色外种皮含有白果酸、白果醇和白果酚，多食易中毒。

去掉银杏外果皮后看到的内果皮呈乳白色，就是人们常说的“**白果**”了，去掉内果皮后就是可以食用的**胚乳**。

白果在我国古代医学中被广泛应用，具有很高的药用价值。

银杏树生长缓慢，从种植到结果需要 20 多年，40 年后才进入盛果期，因此有“公孙果”之称，意思是爷爷年轻时种下的树，等孙子长大了才能摘果。

银杏（仅1物种属）
银杏属（仅1属）
银杏科（仅1科）
银杏目（仅1目）
银杏纲

银杏为裸子植物门银杏纲植物，有趣的是，银杏纲下仅有银杏目一目，银杏目下仅有银杏科一科，银杏科下仅有银杏属一属，银杏属下仅有银杏一个物种。

银杏的起源可以追溯到约 3.5 亿年前的石炭纪，目前发现的上石炭纪化石记载的二歧叶属被认为是银杏类最古老的代表。因此，银杏是全球现存种子植物中最古老的物种之一，被誉为“世界第一活化石”。在第三纪末期及第四纪初期，北半球产生巨大的冰川，绝大多数银杏类植物在世界其他地区陆续绝种，只有中国的种群存活了下来。因此，银杏也被称为“植物界的大熊猫”。现今世界各地的银杏都是直接或间接从中国传播出去的。

☆守护生物多样性宝藏☆

1999 年，国家林业局、农业部联合发布的《国家重点保护野生植物名录（第一批）》，将银杏归为国家一级重点保护植物。通过人工繁育和推广种植，这一极具自然科学价值与历史人文底蕴的古老物种得以延续。

银杏树形优美，春夏季叶色嫩绿，秋季变成金黄色，具有很高的观赏价值，可作为庭院树或行道树。

银杏不仅在自然生态和植物学上具有重要地位，在文化和历史中也占有一席之地。在中国古代文学中，银杏常被提及。

四壁峰山，满目清秀如画。
一树擎天，圈圈点点文章。
宋·苏轼

文杏裁为梁，香茅结为宇。
不知栋里云，去作人间雨。
唐·王维

注解　银杏古时也叫“文杏”，王维赞喻银杏可作顶天立地的横梁。

扫一扫，看彩绘视频

水杉：湿地“守护神”

神奇档案

学名：*Metasequoia glyptostroboides*

分类：杉科，水杉属

特征：古老的孑遗植物，具有观赏价值和生态价值

分布：中国湖北省利川等地

保护级别：濒危（EN）IUCN 标准、国家一级重点保护野生植物

水杉是杉科落叶乔木，是非常珍贵的孑遗植物，它是唯一一种先在化石中被发现，后在现实中找到活体的植物。

名称：水杉化石
时代：白垩纪
距今约 1.2 亿—1.4 亿年

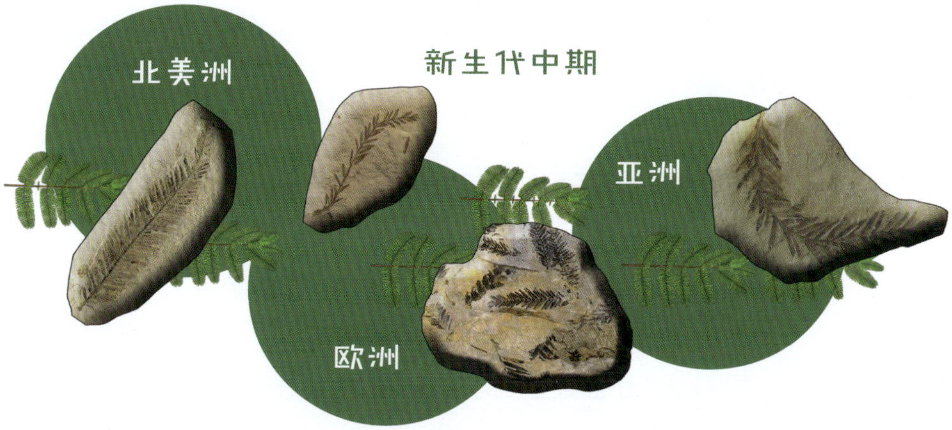

最早的水杉化石发现于距今 1.2 亿—1.4 亿年前的中生代白垩纪地层中。在新生代中期，水杉分布逐渐向南迁移，曾广泛分布于欧亚北美三洲。

然而，由于第四纪冰川的影响，北半球的大部分水杉类植物灭绝，只有分布在中国的水杉种群幸存下来，成为**中国特有的单属物种**。

1941 年，日本植物学者三木茂在化石层中发现了水杉，并为其定名。同年，中国植物学者**干铎**在四川省万县磨刀溪镇（今湖北省利川市）发现了活的水杉树，推翻了“水杉早已灭绝”的定论，一时轰动世界植物学界。1944 年，王战采得水杉标本和果实并转给郑万钧。1948 年，**胡先骕**和**郑万钧**联名发表论文，正式为水杉定名，中国水杉从此走向世界。

成年水杉的高度可达 30 多米，胸径约 2 米左右。

水杉的树皮呈灰褐色。

树叶柔软且成对生长，排列对称的两列，仿佛一根绿色的羽毛。

水杉的幼树树冠像一个小尖塔。随着树龄增长，树冠逐渐变得广圆，显得更加稳重和宽厚。

高 35 米

位于湖北利川编号为“0001”的水杉模式标本树，号称“水杉王”，为世界上年龄最大、胸径最粗的水杉母树，这棵水杉树的发现，被称为 20 世纪植物学史上的最大发现。

水杉，顾名思义，“水中的杉树”，多生长在土层深厚、湿润的缓坡地带。虽然野生水杉的种群范围很小，但人工种植并不困难。水杉是喜光性强的速生树种，具有极强的耐寒性和耐水湿能力，所以在很多地方都能引种栽培。

适应性极强的水杉被广泛用于园林绿化、植树造林、湿地保护林和沿海防护林。水杉在中国南北各地广泛种植，种植范围越来越广，也被世界各地引种，有 50 多个国家引种栽培。

冷知识

随着树龄增长，树皮会开始剥落，幼树树皮裂成薄片脱落，大树树皮裂成长条状脱落，这种特征相当于水杉的“身份证”。

☆守护生物多样性宝藏☆

野生水杉在 1999 年被列入中国《国家重点保护野生植物名录》，保护级别为一级，2011 年被列入《世界自然保护联盟濒危物种红色名录》，2012 年被列入《全国极小种群野生植物拯救保护工程规划（2011—2015 年）》。通过人工栽培，水杉种群数量剧增。

扫一扫，看彩绘视频

伯乐树：千里马常有，而伯乐树不常有

神奇档案

学名：*Bretschneidera sinensis*

分类：叠珠树科，伯乐树属

特征：中国特有的植物，花型硕大，果实近球形

分布：中国云南、贵州、四川、重庆、广西等地

保护级别：濒危（EN）IUCN 标准、近危（NT）中国生物多样性红色名录标准、国家二级重点保护野生植物

伯乐树是叠珠树科伯乐树属的乔木，中国特有的第三纪孑遗植物，是研究被子植物系统发育和古地理、古气候等方面的活化石，被誉为植物界的“龙凤”。

伯乐树的树冠广阔，树干直立，花朵大而艳丽。在初夏时节，满树的花朵盛开，呈现出粉红如霞、姹紫如烟的美景，极具观赏价值，因此也被称为“山桃花”。

伯乐树喜爱温暖湿润的气候，对土壤的要求不严格，但在肥沃且排水良好的土壤中生长更为茂盛。它主要分布在中国的云贵川渝地区，偏好生长在海拔 500—2000 米的山地阔叶林中。

20—30 厘米

花朵呈总状花序。花朵颜色为粉红色或淡紫红色，雄蕊数量众多，花丝细长而优雅。

叶片为奇数羽状复叶，叶背粉绿色或灰白色，布满细小柔毛气孔。

花萼形似古钟，这也是伯乐树别称“钟萼木”的由来。

“千里马常有，而伯乐不常有。”听到“伯乐树”这个称呼时，人们会情不自禁地想到这句古话。那么伯乐树是否与相马的伯乐有关呢？其实二者没有直接的关联，这个称呼源于一位外国植物学家的名字。

19 世纪末，英国外交官兼业余植物学家奥古斯汀·亨利在云南红河州发现了一种独特的大片开花植物，便采集标本运回英国。英国邱园植物学家在鉴定时，将其当作新的单种属植物发表，并将其命名为 *Bretschneidera sinensis*。“Bretschneidera”是为了纪念俄国植物学家 Emil Bretschneider，他是 19 世纪研究中国植物的重要人物。“Sinensis”意为“中国的”，表明其为中国特有树种。

“伯乐树”这一中文名是 Bretschneidera 开头发音的音译，可谓形神兼备，展现了植物独特的科学与文化历史。

冷知识 伯乐树的果实为蒴果，呈红褐色，形状酷似马的眼睛。

☆守护生物多样性宝藏☆

由于人类活动和生境破坏，野生伯乐树的生存受到了严重威胁。伯乐树已被列入《世界自然保护联盟濒危物种红色名录》被中国列入《中国生物多样性红色名录——高等植物卷》和《国家重点保护野生植物名录》。云南金平、广州石门国家森林公园等地陆续发现野生伯乐树，同时，伯乐树的人工繁殖和培育发展前景广阔，现在不少地方已经开始规模栽培，一些园林景区也引进伯乐树。伯乐树得到了保护和重视。

伯乐树的树皮呈灰褐色。

扫一扫，看彩绘视频

秤锤树：开花似白雪，结果似秤锤

神奇档案

学名：*Sinojackia xylocarpa*
分类：安息香科，秤锤树属
特征：小型落叶乔木，果实形似秤锤
分布：中国江苏、四川、浙江等地
保护级别：易危 (VU) IUCN 标准、濒危 (EN) 中国生物多样性红色名录标准、国家二级重点保护野生植物

在自然界中，不是每种植物都有伯乐树那样被赋予一个好名字的好运，比如猪屎豆、肥肉草、秃疮花、膀胱果，这些漂亮的植物都被它们不太高雅的名字耽误了。而安息香科秤锤树属的小型落叶乔木——秤锤树，也是“倒霉蛋”之一。

秤锤树树干直立，树皮灰褐色。

叶片为椭圆形，革质有光泽。

在夏季，秤锤树会开出白色的花朵，花朵呈下垂姿态，形似小吊灯，悬挂在枝叶间，给人清新脱俗、娇美可爱的感觉。

秤锤树最早由中国植物学家秦仁昌先生在南京幕府山发现，并由胡先骕先生根据这份标本为其定名，是中国植物学家发表的第二个新属。

秤锤树喜光，通常生长在海拔 700 米以下的丘陵山地或林缘地带，分布于南京附近局部地区。它们对土壤的要求不严，但在肥沃、排水良好的土壤中生长更佳。秤锤树生长速度较慢，但寿命长，可达数百年。

除了具有观赏价值外，秤锤树还有一定的经济价值，其木材可利用，果实可入药。秤锤树属为中国特有，对于研究安息香科植物的系统发育和演化具有重要的科学价值。

秤锤树生长缓慢，植株不高，常被砍作樵材，导致野生植株几近灭绝。此外，秤锤树种子具有深休眠习性，在野生的状态下，需要经过两到三年的时间才能萌发，野生居群更新困难，是秤锤树走向濒危的另一原因。

秤锤形状的果实。

一树繁花吐蕊，胜却春风十里，能开出如此“阳春白雪”的植物，却以“下里巴人”的“秤锤”冠名，这还得归功于它的果实。

☆守护生物多样性宝藏☆

为了保护这一珍稀物种，野生秤锤树被列入中国《国家重点保护野生植物名录》，被列入《世界自然保护联盟濒危物种红色名录》。如今秤锤树已在南京植物园等地成功实现了迁地保护。

扫一扫，看彩绘视频

珙桐：花开似白鸽的“中国鸽子树”

神奇档案

学名：*Davidia involucrata*

分类：蓝果树科，珙桐属

特征：中国特有的单属植物，孑遗植物，花朵形似白鸽

分布：中国贵州、湖北、湖南、四川、云南、甘肃等地

保护级别：易危（VU）IUCN 标准、国家一级重点保护野生植物

珙桐是蓝果树科珙桐属的落叶乔木，是中国特有的单属植物，也是孑遗植物中的重要代表之一。

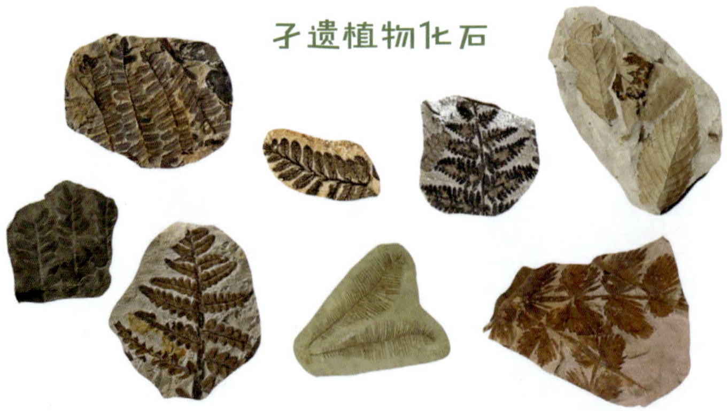

在新生代第三纪之后，珙桐除了在中国存活下来之外，在其他地区都已经灭绝。1869 年，珙桐在四川被发现，并被官方命名，之后被引种到世界各国。

珙桐中英文名字的由来也很有趣。“珙”是古代一种美玉，用以形容此树精美如玉的苞片，其树形和叶貌略似泡桐，故名“珙桐”。1901 年，法国传教士大卫在四川宝兴县采集到珙桐标本，后珙桐被引种入欧洲，因其两片白色的苞片形如展翅的白鸽，故名“中国鸽子树”。

珙桐可以生长到 25 米高，树皮深灰色或深褐色，随着生长，常裂成不规则的薄片而脱落。

珙桐四月开花，花朵刚绽开时两片花苞为淡绿色，随着盛花期的到来，两片花苞变为纯白色，形似展翅高飞的白鸽。当风吹过，满树的白花犹如群鸽飞舞，因此珙桐也被称为“鸽子树”或“白鸽树”，同时被西方被誉为“中国的鸽子树”“和平之树”。

两片大大的苞叶既可以给真正的花遮风挡雨，还能随风摇摆吸引昆虫来传粉。

其实，这两片白色的“鸽子翅膀”并不是真正的花瓣，而是由叶子特化成的苞片，除了没有叶柄外，叶脉、叶缘、叶尖都清晰可见，两片苞叶中藏着的紫色小球才是珙桐真正的花序。

冷知识 珙桐最早于1869年由法国传教士兼标本采集员谭卫道从四川采集到法国，谭卫道也是大熊猫、麋鹿等珍贵物种的发现者，且大熊猫与珙桐同一年被发现。

☆守护生物多样性宝藏☆

几百万年前，珙桐曾广泛分布于世界各地。由于地质变迁、气候变化和人为砍伐等，珙桐的生存环境不断恶化，现今仅零星分布于四川及周围省市的常绿阔叶林中，已濒临灭绝。野生珙桐在1984年被列入中国第一批《珍稀濒危保护植物名录》，是8种一级保护植物中的一种。随着人工繁育和引种种植，珙桐数量剧增，基本实现了迁地保护。

随着花朵慢慢变成细小的果实，白色苞叶逐渐变成棕色脱落。成熟后的珙桐果实像颗小猕猴桃，有少许果肉，吃起来味道像没有成熟的梨，又酸又涩，因此，珙桐又称“水梨子”或“木梨子”。

扫一扫，看彩绘视频

降香：“四大名木”之首，“木中帝王”

神奇档案

学名：*Dalbergia odorifera*

分类：豆科，黄檀属

特征：芯材可散发浓郁香气

分布：在中国分布于海南、广东、广西、福建、四川、云南等地

保护级别：易危（VU）IUCN 标准、CITES 附录 II 物种、国家二级重点保护野生植物、海南热带雨林国家公园优先保护物种

降香，又名“降香黄檀（tán）”是豆科黄檀属的大乔木，成年的降香黄檀可以生长至 15 米。

降香黄檀通常分布在海拔 670 米以下的山区和丘陵次生林中，中国海南、广东、广西、福建、四川、云南等地均有分布和引种栽培。

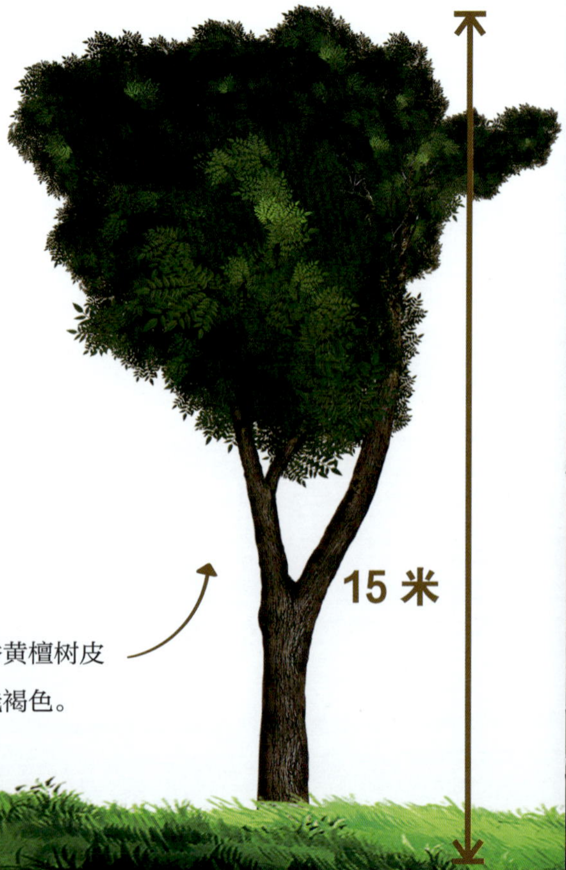

降香黄檀树皮为浅褐色。

叶片为奇数羽状复叶。

降香黄檀的花期一般在4月至6月，花朵细小，颜色为浅黄色，散发着淡雅的香气。

降香黄檀的芯材和种子中含有香气浓郁的挥发油，经过蒸馏过程可以得到降香精油，可添加于香水、化妆品等。据传，古代焚烧此木，其香气能吸引神仙降临，因此得名“降香”。除了制香，降香黄檀的树干和树根还可以入药。

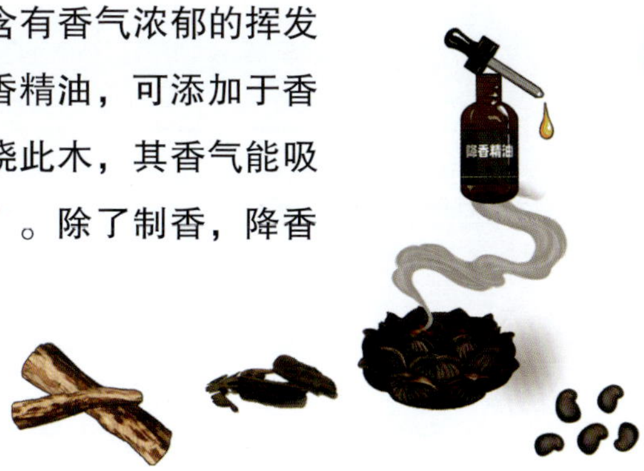

果实为荚果，成熟的果实颜色变为褐色，内含1—2粒种子。

降香黄檀的芯材是一种优质的木材，木纹细密，常带有自然形成的图案，具有很高的观赏价值。木材质地致密、坚硬耐腐，是制作高档家具和乐器的上等材料，也是中国古代“四大名木”之一。

☆守护生物多样性宝藏☆

降香黄檀生长极其缓慢，通常百年才能成材，加之过度砍伐和毁林开荒，导致其物种资源不断减少，野生植株几近灭亡。降香黄檀已被列入中国《国家重点保护野生植物名录》和《海南热带雨林国家公园优先保护物种名录》。近些年经过林业专家培育，降香黄檀得到大量种植，基本实现迁地保护。

冷知识 在所有的红木木材中，降香黄檀的历史地位最高，是明清家具的顶梁柱，也是皇室专用的“帝王木”，因此又被称为“木中黄金”。

扫一扫，看彩绘视频

风吹楠：植物王国的“绿色金矿”

神奇档案

学名：*Horsfieldia amygdalina*

分类：肉豆蔻科，风吹楠属

特征：种子含油率高，油料具有特殊的提黏降凝作用

分布：在中国分布于广西、海南、云南

保护级别：无危（LC）IUCN 标准、濒危（EN）中国生物多样性红色名录标准、国家二级重点保护野生植物

风吹楠是一种珍贵的热带常绿乔木，是中国特有植物。20 世纪 60 年代初，著名植物学家蔡希陶教授带领着一支科研团队，在西双版纳的热带雨林深处，历经艰辛，终于发现了这种罕见的特殊油料植物——风吹楠。

风吹楠在当地傣语中被称为“埋央娘”，其种子含有丰富的“固体油”，其含量为 29%—33%，而种仁的含油率更是高达 50%—55%。

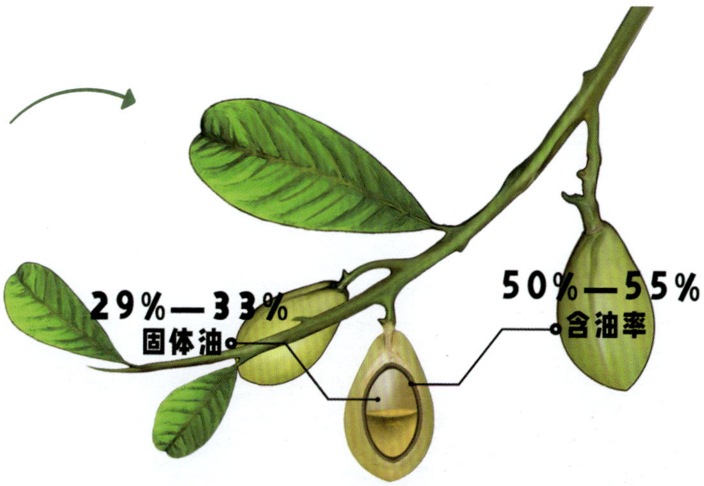

这种油料具有提黏降凝特性，当按照科学的配比掺入燃油中时，即使在气温低至零下 40 摄氏度的极端条件下，燃油也不会凝固。这一特性使风吹楠种子提取的油料成为军用坦克、战车等机械的重要防凝固用油。

风吹楠的发现，对于国防和工业领域具有重要战略意义，被誉为“争光树”。它不仅是自然界的奇迹，也是科研工作者智慧和勇气的象征。

风吹楠的存在，丰富了当地的生物多样性，因其珍稀罕见和生态研究意义，被誉为“绿色金矿”。

蔡希陶教授及其团队的这一重大发现，不仅打破了国外对中国在低温抗凝剂方面的技术封锁，还推动中国在特殊油料作物研究领域取得了突破性的科技成果。

☆守护生物多样性宝藏☆

风吹楠因种群规模小、生存环境破碎化、人为破坏和盗伐等，处于濒危状态。已被列入中国《国家重点保护野生植物名录》和《中国生物多样性红色名录——高等植物卷》。如今，风吹楠的人工繁育已经实现并进行了推广，成功实现了迁地保护。

扫一扫，看彩绘视频

四数木：“张翅入土”的神奇大树

神奇档案

学名：*Tetrameles nudiflora*

分类：四数木科，四数木属

特征：落叶大乔木，具有板状根系

分布：中国云南省南部和西南部

保护级别：无危（LC）IUCN标准、易危（VU）中国生物多样性红色名录标准、国家二级重点保护野生植物

四数木是热带东南亚石灰岩山地特有单种属植物，可谓是植物界里的“独生子女”。四数木胸径可达 1 米多，高度可达 40 米，树干通直，分枝少而粗大。

四数木在中国仅分布于云南南部和西南部，散生于海拔 500—700 米处的石灰岩山区，常见于热带雨林或沟谷雨林中，是热带东南亚雨林中典型的上层落叶树种。

冷知识

在生长过程中，四数木易形成天然树洞，一些大型、不会啄洞筑巢的鸟类（如双角犀鸟、花冠雏盔犀鸟等）用它们粗壮的喙对树洞稍加修整，便可得到一个安全舒适的家。

据说，雨林发生火灾时，很多小动物会往最高的树上逃生，如果火势不大或是大雨浇灭了火焰，这些小动物就能活下来。

在经年累月的时光中，小动物也会把各种植物的种子带到大树的树冠上，有的植物就在大树顶上安了家，风雨过后，许多物种的生命还能从这里启程，蔓延到整片疮痍的大地，恢复往日生气。

四数木的花序细小，种子也非常小。尽管四数木能产生大量种子，但种子的散布和萌发过程充满挑战。种子成熟期间，大风大雨可能会将其冲走或掩埋，而种子对光照的需求又限制了它们在深层土壤中的萌发。

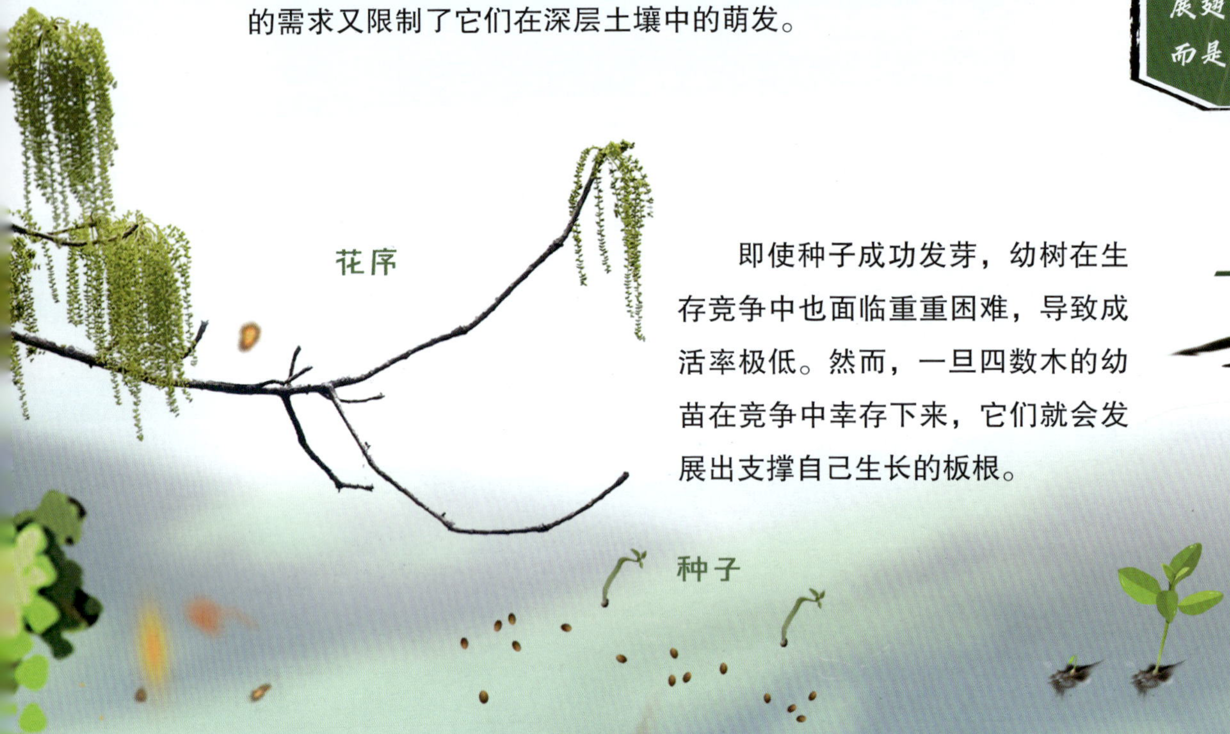

即使种子成功发芽，幼树在生存竞争中也面临重重困难，导致成活率极低。然而，一旦四数木的幼苗在竞争中幸存下来，它们就会发展出支撑自己生长的板根。

板根现象是热带雨林乔木的一个显著特征，这种特征对于热带雨林的生态平衡至关重要，因为板根树木通常不会形成密集的森林，从而保证了阳光能够照射到下层的植物，维持了生态系统的多样性。四数木是世界上最典型、国内最大的板根植物。

这些板根以树干为中心向四周辐射，形成了独特的支撑结构，使四数木能够抵御强风暴雨，保持稳定。

板状根系是四数木最显著的特征，板根高度可达 4 米，长度可达 10 多米，这些根系在地面上形成了壮观的大板根雨林景观。

☆守护生物多样性宝藏☆

由于人为破坏和森林丧失，四数木数量大为减少。目前，四数木已被列入《世界自然保护联盟濒危物种红色名录》，被中国列入《中国生物多样性红色名录——高等植物卷》《中国物种红色名录》，列入中国《国家重点保护野生植物名录》《中国植物红皮书》。成年的四树木种子数量大，经人工繁育可快速获取小苗。在西双版纳地区，西双版纳植物园等已经成功实现了人工迁地保护。

扫一扫，看彩绘视频

见血封喉：最“毒”的木本植物

神奇档案

学名：*Antiaris toxicaria*

分类：桑科，见血封喉属

特征：树皮和茎叶分泌出的汁液含有剧毒成分

分布：中国华南至云南南部，国外分布于大洋洲和非洲

保护级别：无危（LC）IUCN 标准

见血封喉，又名“箭毒木”，属于桑科一种剧毒树木。它的树皮和茎叶分泌出的汁液中含有特有的剧毒成分——见血封喉甙，这种成分对生物体具有极强的毒性。

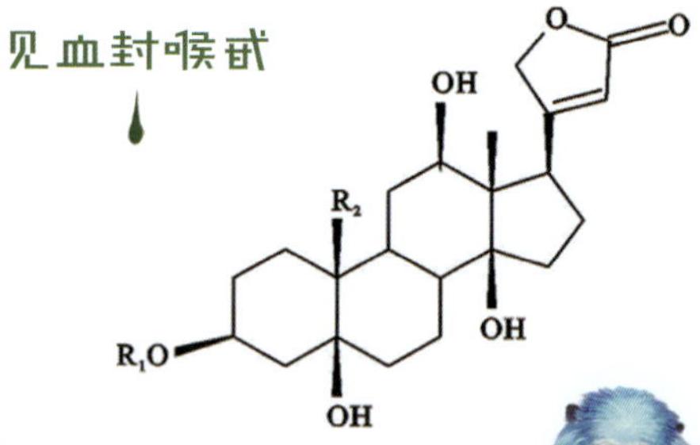

如果生物体摄入这种毒素，会血液凝固、心脏停搏，最终可能在短时间内死亡。因此，箭毒木也被称为“见血封喉”。

在自然界中，箭毒木的毒性使大多数动物对其敬而远之。但一物降一物，偏偏有一种鸟不怕它的毒——群辉椋（liáng）鸟。

箭毒木的树皮呈灰色，叶子为椭圆形，花期在 3 月至 4 月，果期在 5 月至 6 月。箭毒木是阳性植物，喜欢高温、湿润、向阳的环境，耐热但不耐寒。

冷知识 虽然箭毒木的毒性听起来很可怕，但它也有好的一面。据研究，箭毒木树皮及枝条中分离出的强心苷具有增加血液输出量、加速心率的功能，有很大的药用价值。

群辉椋鸟会大快朵颐箭毒木的果实。比起树皮分泌的汁液，箭毒木果实里的毒素稍逊几分，不致命，却致病。

群辉椋鸟在箭毒木树冠上筑巢，利用箭毒木的毒威吓退一众天敌。

古时候，西双版纳的傣族人民将这种汁液涂抹在箭头上，用于狩猎。

在新几内亚，生态学家发现，群辉椋鸟吃了箭毒木的果实后，患上了慢性痢疾，每天都会排出大量含有毒素的粪便。就这样，它们不停地吃果子，又不停地拉肚子，把大量带毒的鸟粪不停地排向树下的土壤，土壤不断地吸收毒素，日积月累，箭毒木周围的土壤已经寸草不生了。

讽刺的事情发生了，土壤里的毒素竟渗透到了箭毒木的根部，并沿着树干输送到每一片叶子，慢慢地，树叶开始枯萎……箭毒木中毒了，中的还是自己的毒！

群辉椋鸟排出大量含有毒素的粪便。

箭毒木是依赖无毒的水和营养物质来产生毒素的，它无法抵抗自己产生的毒素，长此以往，箭毒木会逐渐枯萎，甚至死亡。

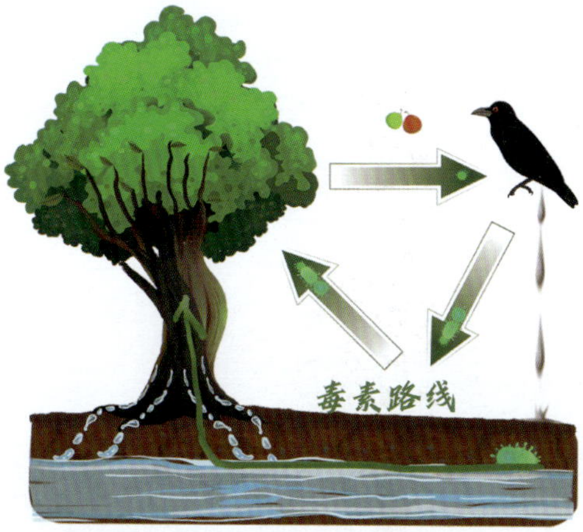

箭毒木和群辉椋鸟相互依存和相互制约。

☆守护生物多样性宝藏☆

曾经，因过度砍伐，野生箭毒木数量大幅度减少。由于其特殊的毒性和生态价值，箭毒木的保护和研究具有重要意义。箭毒木种子数量多，小苗多，因此在西双版纳等实现了人工迁地保护。

终于有一天，所有的树叶凋落，树枝断裂，并带着群辉椋鸟的鸟巢一起坠落在地面上。而群辉椋鸟从坠下的鸟巢中惊然飞起，扬长而去，寻找下一个目标。

扫一扫，看彩绘视频

长白松：金枝碧叶“美人松”

神奇档案

学名：*Pinus sylvestris* var. sylvestriformis

分类：松科，松属

特征：高大挺拔，树皮为金黄色鳞片状，树形优美

分布：中国吉林长白山北坡

保护级别：濒危（EN）IUCN 标准、国家二级重点保护野生植物

长白松，是松科松属的大型乔木。四季常青、高大挺拔的长白松常被用作园景树、行道树、庭荫树。

长白松树干通直平滑，枝条平展或斜展，形成了优美的树形，金黄色的树皮更是它的亮点。

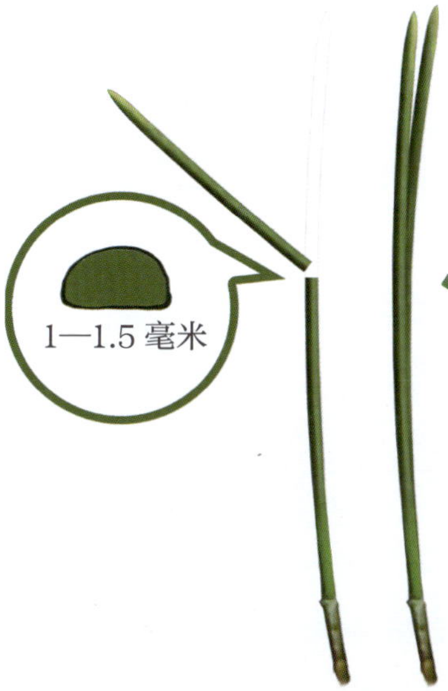

与其他松叶相比，长白松针叶较粗硬，通常 2 枚一束。

花期在每年的 5 月至 6 月，总花序呈塔状，小花序呈淡黄色穗状。

长白松的一年生小球果近球形，成熟后的球果呈卵状圆锥形。

种子呈长卵圆形或三角状卵圆形。

长白松是一种重要的造林树种，木材质地优良，具有易加工、耐腐蚀、不扭不裂等优点，常被用作建筑材料和家具材料，也可用于造纸。

除此之外，长白松的松节和花粉可以入药，树脂可用于提取松节油和松香，松叶则可提取松针油。

长白松分布于吉林省长白山北坡海拔 800—1600 米的山地和丘陵地区，在二道白河以上的林中组成小片纯林，在海拔 1600 米的林中则与红松、长白鱼鳞云杉等组成混交林。

1976 年之前，长白松的名称还叫美人松，有的植物学家认为它最像赤松，是赤松的变种，有的认为它最像欧洲赤松。

经过几番争论，最后认定美人松是欧洲赤松在中国分布的一个地理变种，著名植物学家郑万钧正式将其定名为“长白松”，从此它跻身国家珍稀植物的行列，成为长白山特有植物之一。

☆守护生物多样性宝藏☆

由于过度采伐和森林火灾等影响，野生长白松的数量逐渐减少。为了保护这一珍贵树种，长白松被列入《世界自然保护联盟濒危物种红色名录》，中国将其列入《国家重点保护野生植物名录》。长白松现存于吉林长白山国家级自然保护区内，种群数量超过 3 万株。

长白松的根系发达，能有效防止水土流失，对于保持土壤稳定性和防止山体滑坡等具有重要的生态作用。

扫一扫，看彩绘视频

新疆野苹果：苹果的“老祖宗”

神奇档案

学名：*Malus sieversii*
分类：蔷薇科，苹果属
特征：果实小而酸，是许多栽培苹果的祖先
分布：在中国主要分布新疆地区
保护级别：易危（VU）IUCN 标准、近危（NT）中国生物多样性红色名录标准、国家二级重点保护野生植物

新疆野苹果是蔷薇科苹果属落叶乔木，是一种珍贵的第三纪孑遗植物，主要分布在中亚地区，在中国主要分布于新疆伊犁地区。

新疆野苹果生于海拔 900—1300 米的山地阔叶林下、林缘或河谷地带，喜光，耐寒，耐旱，在伊犁一带野生成纯林。我国著名的天山原始落叶阔叶野果林区，属濒临灭绝的珍贵稀有种质资源。

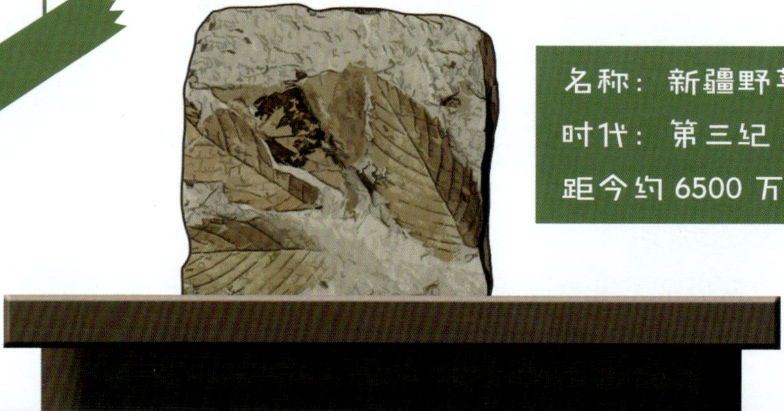

名称：新疆野苹果化石
时代：第三纪
距今约 6500 万—300 万年

新疆野苹果花期在 5 月至 6 月，其花为两性花，花蕾时带粉红色，绽放后为白色。

叶片呈倒卵形，密被绒毛。

果期在 8 月至 10 月，果实为球形，主要有绿球果、黄球果、红球果、绿长果、黄长果和红长果等 80 多个野生类型。

树皮呈灰褐色。

黄球果、绿球果、红球果的果芯呈不同颜色。

新疆野苹果是古地中海区温带落叶林的孑遗植物，许多苹果品种均由新疆野苹果选育而成，因此人们称其为“苹果老祖”。新疆野苹果拥有丰富的遗传多样性和抗性基因资源，对于全球苹果的遗传改良具有重要的价值。

冷知识 目前，中国已经跃升为世界最大的苹果生产国，全球每两个苹果中就有一个来自中国。

扫一扫，看彩绘视频

新疆野苹果味道酸涩、微甜，一般不宜鲜食，却可以加工成果丹皮、果酒、果酱和果汁等食品。此外，新疆野苹果还可作青贮饲料原料，或提取果酸作为食品工业的配料。

由于人为活动的干扰和虫害的危害，新疆野苹果的自然种群数量和分布面积正在减少，处于灭绝的边缘。

野生的新疆野苹果仅剩 15.2 万亩。

新疆野苹果保护区。

☆守护生物多样性宝藏☆

新疆野苹果已被列入中国《国家重点保护野生植物名录》，中国建立了新疆野苹果保护区，严禁乱砍滥伐和大面积截伐作嫁接苹果的砧木，并采取有效措施促进天然更新和引种栽培。新疆野苹果的保育情况正在逐步改善。

西藏柏木：“亚洲第一高树”的传奇

神奇档案

学名：*Cupressus torulosa*

分类：柏科，柏木属

特征：常绿乔木，树皮灰褐色，木材质地坚硬

分布：中国西藏东部及南部

保护级别：无危（LC）IUCN标准、濒危（EN）中国生物多样性红色名录标准、国家一级重点保护野生植物

西藏柏木是柏科柏木属植物，别称**“藏柏”“喜马拉雅柏木”**。西藏柏木多生长在海拔2000—3500米的干燥河谷及干旱山坡，它们通常形成纯林，或与云杉、云南松等树种形成混交林。

西藏柏木适应性强，喜光，耐瘠薄，耐寒，适宜温凉湿润的气候，主要分布于西藏东部及南部。

同其他柏木一样，西藏柏木的叶子为细小鳞叶，鳞叶在小枝上紧密排列，小枝微下垂或下垂，排列较疏。

西藏柏木的木材纹理通直，材质坚韧，带有香气，是建筑和工艺品等的优质用材。其枝叶可提取柏木精油，种子可以榨油。柏木也是制香的上好原料，藏香的主要成分之一就是藏柏。

沉水良材食柏珍，
博山烟熳玉楼春。
唐·罗隐

果实为球果，初时为青蓝色并覆盖有白粉，成熟后球果颜色变为深灰褐色。

树皮红褐色，纵裂成窄长条片，枝条向四周舒展，小枝密集生长，形成了茂密的树冠。

松柏树木本身已成文化符号，柏香文化也是诗人名句中的素材。西藏柏木在自然生态、文化和宗教中都具有深远意义。

西来欲上茂陵树，
柏梁已失栽桃魂。
唐·李商隐

☆守护生物多样性宝藏☆

由于过度砍伐利用，野生西藏柏木数量日渐减少。西藏柏木已被列入《世界自然保护联盟濒危物种红色名录》，中国将其列入《国家重点保护野生植物名录》和《中国生物多样性红色名录——高等植物卷》。此外，中国建立了雅鲁藏布大峡谷国家级自然保护区等多个自然保护区对西藏柏木进行保护。近些年，西藏人工繁殖了上万株西藏柏木，实现了人工迁地保护。

我乃世界第二高树种，亚洲第一高树！

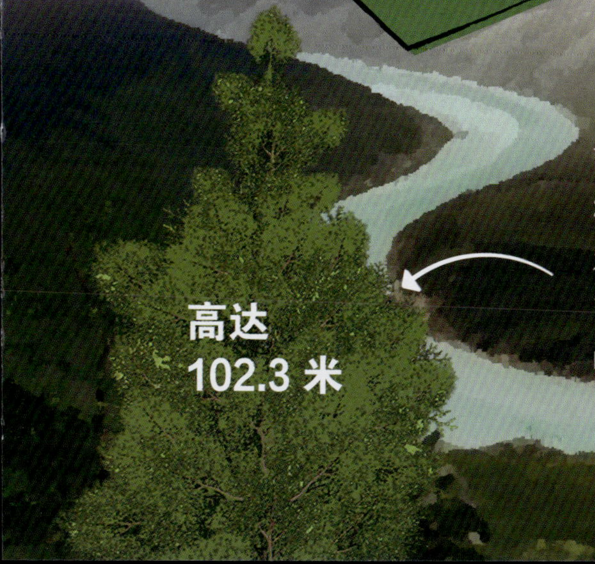

西藏柏木能长至 50 米高，胸径可达 3 米。2023 年，在西藏自治区的林芝市波密县境内，发现了一棵高达 102.3 米的西藏柏木，刷新了中国最高树的纪录，同时也成为亚洲已知的最高树。

扫一扫，看彩绘视频

专家推荐

· 生物多样性丰富多彩，探索生物多样性的奥秘不仅能激发孩子们的求知兴趣，更能帮助他们树立生态保护与可持续利用的意识。《了不起的生物多样性：绘说中国珍稀生物》一书通过文字与动漫的巧妙结合，为读者带来生动活泼的阅读体验，是一本有助于广大青少年了解生物多样性的科普书，激励他们为生物多样性保护作出贡献。

—— 朱有勇

（朱有勇：中国工程院院士，植物病理学专家）

· 所有生命体自诞生之初，便会对周遭的其他生命体产生好奇，人类的孩子尤甚——他们的好奇心堪称世间之最。科普，作为人类区别于其他生命形式的独特能力，承载着知识传播的使命，科普工作者理应获得社会的关注与尊重。《了不起的生物多样性：绘说中国珍稀生物》一书集科学、趣味和实践于一体，以娓娓道来的生动的叙事吸引青少年读者，是一部不可多得的科普佳作。

—— 龙勇诚

（龙勇诚：中国灵长类学会名誉理事长，滇金丝猴研究专家）

·翻开《了不起的生物多样性：绘说中国珍稀生物》，就像开启了一场充满惊叹的生命之旅。从雨林巨兽到蝶中“皇后”，从“中国鸽子树”到“中华盖世之木”，这本书向大家展现了生命的多样与美丽。该书由资深科普大咖和专业编绘团队联袂打造，它如同一位博学的向导，带领读者探索地球生命宝库的无尽奥秘，每一页都闪耀着大自然无与伦比的创造力与韧性。它不仅是一本全面且精美的科普绘本，更能唤起每位读者对自然之美的由衷赞叹，激发守护地球家园的深切共鸣。在生物多样性面临挑战的今天，这本书如同一盏明灯，照亮我们了解、欣赏并珍视地球上每一个了不起的生命。

——陈飞

（陈飞：国家林业和草原局亚洲象研究中心主任，亚洲象研究工作者）

·《了不起的生物多样性：绘说中国珍稀生物》不是一本普通的动植物图鉴，而是一幅用科学笔触与文学想象共同绘就的生命长卷——精选50种我国珍稀动物和植物，配以手绘图、视频趣味解说，在会呼吸的方寸间构建起中国生物多样性的立体画卷。请打开它，走入与万物共鸣的大千世界。守护这些生灵，就是守护人类文明最本真的生命密码，守护人类自己。

——郑柱子

（郑柱子：中央广播电视总台高级记者，世界低碳城市联盟理事）

·《了不起的生物多样性：绘说中国珍稀生物》以跨学科融合的视野，将50种中国特有珍稀物种的特征习性与自然生存的因果关系浓缩于图文声像中。这本书不仅通过精美的手绘图画揭示生物演化进程，更以科学数据构建物种保护的多维方面，是一部融合科学实证精神与东方生态美学价值的科普经典。其创新性在于将生物学研究成果转化为可视化叙事语言，为生态文明教育提供了兼具知识全面性与审美张力的读物，对培养青少年生态自觉具有启蒙意义。

——华彦

（华彦：广东省林业科学研究院正高级工程师，国家林草局穿山甲保护中心首席专家，
广东省森林培育与保护利用重点实验室主任）